BIM深化设计五部曲

FIVE PHASES OF DETAILED DESIGN BASED ON BIM

马 骁 陶海波 主 编

中国建筑工业出版社

图书在版编目（CIP）数据

BIM深化设计五部曲＝FIVE PHASES OF DETAILED DESIGN BASED ON BIM/马骁，陶海波主编．—北京：中国建筑工业出版社，2020.11
ISBN 978-7-112-25696-9

Ⅰ．①B… Ⅱ．①马… ②陶… Ⅲ．①建筑设计-计算机辅助设计-应用软件 Ⅳ．①TU201.4

中国版本图书馆CIP数据核字（2020）第241015号

本书主要解决BIM团队如何管理和实施BIM咨询项目的问题，以及如何培养BIM工程师组织管理能力，如何规范项目团队实施行为，从而促进项目管理的科学化、标准化，提高项目实施质量，实现项目快速推进和交付，推动BIM技术在房屋建筑工程中的应用发展。本书借鉴PMI项目管理体系相关知识，按照项目启动、规划、执行、监控、收尾五大过程组对工作流程及工作目标进行梳理总结，明确各阶段工作任务、交付成果及相关风险提示，还提供了各类标准模板，可方便项目团队直接复用以提高工作效率。

责任编辑：辛海丽　刘瑞霞
责任校对：芦欣甜

BIM深化设计五部曲
FIVE PHASES OF DETAILED DESIGN BASED ON BIM
马　骁　陶海波　主　编
*
中国建筑工业出版社出版、发行（北京海淀三里河路9号）
各地新华书店、建筑书店经销
唐山龙达图文制作有限公司制版
天津安泰印刷有限公司印刷
*
开本：787毫米×1092毫米　1/16　印张：10¼　字数：251千字
2020年11月第一版　2020年11月第一次印刷
定价：**46.00**元
ISBN 978-7-112-25696-9
（36583）

本书编委会

主　　编：马　骁　陶海波

副 主 编：赵心莹　廖灿灿　陈　欢

参　　编：（按姓氏拼音排序）

艾明洪　陈　琳　成小飞　龚　瑜　何艳琳

胡　卉　李梦辰　李星月　廖继康　刘芳媛

罗永强　孙志新　谭承碧　唐佩佩　万　语

吴雨芹　徐　龙　徐佳莉　张　静　张茂琴

张远艳

序　言

很荣幸受邀为《BIM 深化设计五部曲》这本书写序。这是一本围绕“BIM 项目如何管？BIM 深化设计如何做?”指导建筑工程 BIM 从业人员构建 BIM 项目管理体系和实施 BIM 应用咨询的经验总结性图书。编者以国际项目管理 PMI 体系为框架，用心梳理了 BIM 深化设计的工作流程和经验教训，涵盖内容全，落地性好，有助于 BIM 应用团队开展咨询服务，是一本极具实用价值的书籍，我很乐意在此向大家推荐。

近两年，提到 BIM，更多的是数据平台、智慧城市、数字孪生等较前沿高端的顶层应用，这些应用在未来具有很高的市场价值及社会效益；但是，对于目前国内而言，BIM 应用均还处于初级阶段，主要是开展了一些碎片化应用，对底层的基础应用研究不透彻，忽视了 BIM 应用的初心——数据的传递和再利用。例如，在建筑工程全生命周期中，设计 BIM 模型无法落地到施工，数据脱节导致竣工 BIM 模型不能基于设计及施工 BIM 模型的修改完善获得，运维 BIM 模型不能满足运营平台对模型的需求，应用价值大打折扣。这些问题不单是软件技术层面所致，更多的是由于各阶段相关方不协调，信息沟通不畅，时间不匹配。现阶段 BIM 应用急需完善、打通底层基础数据，这样才能更好地服务顶层应用。

当我读了《BIM 深化设计五部曲》的书稿，我感到，它可以用于满足现阶段 BIM 应用的迫切需求。它是到目前为止，我所见过在利用 BIM 技术进行深化设计的内容特别完整、结构十分清晰的书籍。它总结了设计施工一体化应用方法，强调相关方协作，打通建筑工程从设计到施工的数据壁垒，必将对进一步提高 BIM 技术在建筑工程中的应用水平起到推动作用。

全书主要针对“如何建立项目级 BIM 应用团队，如何管理和实施 BIM 咨询项目，如何规范 BIM 应用团队实施行为，如何培养 BIM 应用工程师组织管理能力”进行了流程化探究，将零散、复杂的协同应用关系串联成一套完整的 BIM 项目管理体系和深化设计应用指南。虽然现阶段不少优秀的设计单位和建设单位已具有较完备的标准体系，但很少包含针对行为规范和技术的实施提出细致的解决方案。《BIM 深化设计五部曲》这本书，根据目前 BIM 从业者的实际需求，以深化设计为切入点，从管理上和技术上进行梳理总结，将项目管理科学化、标准化，技术经验系统化、结构化，对于 BIM 应用团队是一个实用价值很高的指导工具，能够帮助其提高项目实施效果，实现项目快速、高质量推进和交付。

BIM 技术是现代建筑工程发展中出现的极其重要的技术，为建筑工程设计领域带来了第二次革命。我认为“五部曲”是推动 BIM 技术在建筑工程设计领域应用发展的重要一步。非常高兴看到这本书的出版，也相信此书定能嘉惠许多正在从事或想要从事 BIM 应用的人员，并带动 BIM 技术在建筑工程中应用的进一步发展。

清华大学教授、博士生导师

2020 年 8 月于北京

前　言

建筑信息模型（Building Information Modeling，简称BIM）是在计算机辅助设计（CAD）等技术基础上发展起来的多维模型信息集成技术，是对建筑工程物理特征和功能特性信息的数字化承载和可视化表达。BIM的提出和发展，对建筑业的科技进步产生了重大影响。BIM正在成为继CAD之后推动建筑业技术进步和管理创新的一项新技术，将是进一步提升团队核心竞争力的重要手段。

BIM的发展得到了我国政府和行业协会的高度重视，BIM技术是住房和城乡建设部建筑业“十二五”规划重点推广的新技术之一，科技部于2013年批准成立“建筑信息模型（BIM）产业技术创新战略联盟”，国务院于2017年2月发布了《关于促进建筑业持续健康发展的意见》，指出要加快推进BIM技术在规划、勘察、设计、施工和运营维护全过程的集成应用，实现工程建设项目全生命周期数据共享和信息化管理。住房城乡建设部在《2016—2020年建筑业信息化发展纲要》中指出要推广基于BIM的协同设计，开展多专业间的数据共享和协同，优化设计流程，提高设计质量和效率。2020年7月，中国工程建设标准化协会发布了第一本基于业主视角的BIM标准《文化旅游工程建筑信息模型应用标准》（征求意见稿），该标准提炼多个国内标杆文旅项目的BIM应用实践经验，初步建立了基于BIM技术的项目建设全过程管理框架，形成了文旅工程BIM项目管理框架和实施标准。上述工作对我国BIM技术的研究和应用起到了良好的推动和引导作用。

施工图深化设计作为设计后、施工前的阶段，对整个建设项目实施十分重要。在此过程中，业主、一次设计、施工、专项设计、BIM顾问等都会同步介入，BIM作为连接项目各相关方的桥梁，其实施效果的好坏会直接影响整个项目进程和质量，故对于BIM团队而言，也需要一套完整的管理制度和流程来规范，以保证项目质量。但就目前行业BIM技术应用而言，部分BIM团队对BIM技术仅停留在一般认识上，如翻模、碰撞检测等，尚未进行深入的研究、尝试和应用，且缺乏完善精细化的项目管理体系，造成项目实施环节出现诸多问题。

鉴于BIM技术的应用与发展，2012年，我们以建筑工程为切入板块，试图通过研究建筑工程领域BIM技术架构、系统流程等来实现基于BIM技术的建筑全生命周期应用解决方案。团队一直坚持在建筑工程BIM技术应用方面不断挖掘、探索与实践，为此积累了丰富的经验，拥有了扎实的技术，并及时将研究成果深入应用到实际项目中。通过不断探索和试错，已从技术学习研究逐步走向了业务市场化，并依靠技术输出逐渐形成了“有高度、接地气”的创新型产品和服务。上述条件奠定了本书的理论和技术基础。

为了更好地推广和规范BIM团队管理和项目实施，实现BIM咨询项目管理精益化、标准化，《BIM深化设计五部曲》编委会经广泛调研学习，参考国际管理体系和国内标准，总结了咨询项目BIM应用的管理和实施经验，并在普遍征求行业内各BIM应用单位从业者意见的基础上，编写本书。

本书将“简化流程，把握重点；优化服务，提升品质；固化模板，稳定效率”作为编写宗旨，借鉴 PMI 项目管理体系相关知识，基于实际项目经验，按照项目管理五大过程组的工作流程及工作目标对 BIM 咨询项目管理与实施进行梳理总结，充分考虑项目在范围、进度、成本、质量、资源、沟通、风险、相关方等方面的影响因子，明确各阶段工作任务、交付成果及相关风险，制定出相关的规范性模板，力求通过科学的、结构化的方法解决如何建立项目级 BIM 技术应用核心团队，团队如何管理和实施 BIM 咨询项目的问题，以及如何培养 BIM 工程师组织管理能力，如何规范 BIM 团队实施行为，从而促进项目管理的科学化、标准化，提高项目实施质量，实现项目快速、高质量推进和交付，进而推动 BIM 技术在建筑工程的应用发展。

本书在写作中，力求通俗易懂，以工程实际需求为目的，以表格及图文并茂的形式诠释相关内容，规范 BIM 咨询项目各阶段应执行的流程及实施标准，简单实用，方便项目管理者和技术实施人员对 BIM 咨询项目管理和深化设计应用的理解，有利于初创 BIM 咨询团队快速形成生产能力。

本书主要内容包括：1. 概述；2. 基础条件；3. PMI 体系下的 BIM 深化设计；4. 项目启动阶段；5. 项目规划阶段；6. 项目执行阶段；7. 项目监控阶段；8. 项目收尾阶段；9. 附录。为使本书随 BIM 应用发展不断更新、进步，在执行过程中如有意见和建议，请及时与编者联系，以便今后继续修改完善。

书中谬误之处在所难免，恳请各位读者不吝赐教，批评指正。对您提出的宝贵意见和建议，我们表示衷心的感谢！

目　　录

第1章　概　　述

近几年，随着社会的高速发展，人们对建筑安全性、智能化、舒适性和节能等方面的要求越来越高，使得在工程项目建设过程中，不仅要满足国家规范标准的强制规定，同时也要满足工程项目在功能、成本、净高、效果、安装、检修等方面的要求，加大了工程项目建设难度。

深化设计衔接设计与施工，是工程建设过程必不可少的环节，其直接影响整个工程的质量、品质。所谓深化设计，是指投资方、设计方委托设计顾问在施工图基础上，针对施工图纸无法深层次指导施工，节点选用不符合施工习惯和工艺要求，各专业及工序之间交叉部位做法或空间关系不能被直观反映，建筑结构、机电、装饰预留预埋部位不明确等问题，对图纸进行完善、补充、绘制成具备可实施性施工图纸的过程。深化设计后的图纸满足原方案设计技术要求，符合相关地域设计规范和施工规范，能直接指导现场施工。而传统二维深化设计只是将各专业的平面布置图进行简单的叠加，按照一定原则确定各系统的相对位置，进而确定系统标高，再针对关键位置绘制局部的剖面图，表现形式单一，无法直观体现空间关系，存在着以下弊端：

（1）管线交叉的地方依靠人为经验观察，难以进行全面系统性的分析，管线碰撞无法完全暴露及避免。特别对于大型、结构复杂的建筑，如商业综合体、医院建筑，在梁系变化较大的地方，常常解决了管线之间的碰撞，却忽略了管线与主体之间的碰撞。

（2）针对机电管线交叉节点，通过平面图只能进行局部调整处理，很难将管线的连贯性考虑其中，可能会顾此失彼，优化一个节点，又带来其他节点的问题，且难以保证装饰效果与使用功能之间的平衡，更不能带来成本上的优化。

（3）管线的标高仅在局部绘制剖面大样图的位置有精确定位，大量管线无精确标高，施工人员更多借助以往经验进行标高推理，未能顾及其他后进场施工的专业，造成一次机电大量拆改或直接降低装饰效果。

（4）多专业叠合的二维平面图纸复杂繁乱，不够直观。仅通过“平面＋局部剖面”的方式，不能充分表达多种管线交叉的复杂部位，例如：设备层、核心筒、公区走廊、电梯厅、中庭、管井等无法通过二维图纸详细表达管线空间关系及标高。

总结来看，传统二维深化设计虽然以各个专业的工艺布置要求为指导原则，但由于空间、结构体系的复杂性，有时无法完全满足设计原则，尤其在净空要求非常高的情况下，深化设计图纸错误率高，导致施工安装效率低，无法满足现代施工要求。其中针对装饰工程及超装饰工程，装修效果及施工质量要求同等严格。近年来，专业的深化设计，已经不是单纯绘制指导施工的各种节点做法的图纸，更多地倾向于装修效果、使用功能的整体把握。根据我们的理解，深化设计其实更应该称之为“综合设计”，即“综合协调，设计落地”。

BIM起源于20世纪70年代，因其具有可视化、协调性、模拟性、优化性、可出图性、可预测性、可控制性等特点，近年来逐步在深化设计中得到应用。借助 BIM 技术优越的可视化、模拟特性，在建筑设计时，对建筑在施工前进行一次“预演”，不仅能够从模拟中发现设计上的不足、建筑空间中各系统间不协调等问题，还可以针对系统、成本等进行优化验证。虽然利用 BIM 技术能够解决设计上的诸多问题，但是往往设计阶段的 BIM 受时间限制，更多偏向于设计本身，不能顾全施工工艺要求和现场复杂多变的施工关系，还不能有效指导施工作业，满足项目委托方实际需求，对此需要进一步利用 BIM 技术进行“全盘深化”，也就是我们常说的 BIM 深化设计。与传统二维深化设计相比较，BIM 深化设计体现出了独特优势，主要体现在以下几个方面：

（1）三维可视化

基于 BIM 技术的深化设计，可直观展示复杂节点的空间位置关系和不规则形体信息，包括基础模型、效果展示等。即使不是专业人士，也能对复杂节点图纸信息一目了然，而且 BIM 模型都带有真实信息，也能够通过模型进行数据分析，有利于提高对复杂节点和技术交底方案的问题发现率，保证深化设计的准确性和可靠性。

（2）协调、优化性

通过对建筑、结构、机电、装饰等各专业深化设计模型进行模型整合，及时发现整合模型中各专业之间的错、漏、碰、缺等问题，并制定有效、合理的管线布置方案，满足工程净高、检修、安装、美观、经济等要求，有效避免设备管线碰撞而引起的拆改，降低施工成本，确保施工进度。

（3）可出图性

基于 BIM 深化设计模型，辅以平面、剖面及三维视图，并添加路由、管道系统、水平定位尺寸、定位标高、翻弯方式及其他细部信息，全方位体现各节点的精确安装位置及标高，辅助施工，使工程可以顺利实施，极大限度地缩短工期，节约材料成本。

（4）数据自由拆分整合、专业间快捷优化

基于同一项目基点，可对各专业模型数据进行自由拆分及整合，实现专业内、专业间针对性的快捷优化。例如：在各专业 BIM 模型搭建完成后，通过整合建筑和结构模型，定向解决建筑与结构间的协调问题，待土建优化完后整合一次机电系统，解决土建与机电专业的冲突问题，最后与装饰、幕墙、景观等专项模型进行整合并优化。通过这种方式，对施工图进行补充、完善及优化，便于进一步明确装饰与土建、幕墙等其他专业的施工界面，明确彼此可能交叉施工的内容，为各专业施工时顺利配合创造有利条件。

但有时基于 BIM 技术的深化设计还是无法有效解决复杂工程面临的各种问题，这主要是由于各相关方介入时间和协调关系不匹配，导致 BIM 技术价值无法体现，影响了 BIM 技术的应用效益。例如：为了抢工期，一次机电安装通常会在主体局部施工完成后立即进行，装饰专业在配合 BIM 进行二次机电深化时，若装饰设计在一次机电安装进场后介入或者更晚，即使 BIM 前期各项指标控制得再好，但由于装饰设计介入较晚，装饰施工图未完成，一次设计点位很难满足艺术装置及各种顶棚造型对空间及净高的要求，致使项目无法以装饰方案为第一原则实施，只能对装饰方案进行调整，其效果也大打折扣。

因此，为充分发挥BIM技术在深化设计应用的价值，不仅BIM应尽早在施工图设计时介入，各专项也须同步跟进，然后由BIM进行全专业整合，检查各相关方设计信息的统一性和协调性，尽可能在各分项施工前，将问题暴露并解决，保证各专业施工图纸的准确和质量，提高施工效率，缩短工期。

第2章　基础条件

为了能够更好地实施各类型 BIM 咨询项目，BIM 团队建设需要考虑四个基础条件，即资源配置、工作模式、管理机制和 BIM 标准体系建设。

资源配置是团队发展的基础，是 BIM 团队能否组建成功的重要保障，在进行 BIM 团队资源配置时需要考虑人力资源和软硬件的配置。其中，人力资源配置需要确定团队成员的角色和职责，并形成 BIM 实施团队组织架构；软硬件是保障团队承接项目能否顺利实施的基础，良好的配置环境可以提高运营效率。

工作模式是团队人员协同工作、高效合作的基础，通常包括单机文件、局域网以及互联网协同这三种模式。其中，单机文件工作模式适用于体量较小，前期不需要协同的项目，各专业在本地创建，待需要协同工作时也可更换工作模式；局域网模式又称为工作集模式，是团队成员协同工作较紧密的一种工作模式，可以为项目各专业高度协调、及时发现并解决与专业内其他成员或与其他专业之间的冲突提供良好的工作基础；互联网协同模式适用于多相关方参与、异地协同工作的项目，此种协同模式通常会借助软件平台进行，具体平台使用根据项目实际情况而定。

管理机制是制约 BIM 团队日常工作行为的制度，用以规范和指导工作方式方法、工作流程、工作要求、工作时间，保障相关工作的有序开展。在制定 BIM 团队管理机制时，至少需要考虑考勤管理制度、会议管理制度和项目管理制度这三方面。

BIM 标准体系建立是团队 BIM 实施的基础，是确保 BIM 项目高质量实施的前提。建立 BIM 标准体系，制定 BIM 模型工作标准、BIM 成果交付标准、BIM 数据库等，可规范和指导团队 BIM 实施，提高团队工作效率，提升团队核心竞争力。

2.1　资源配置

资源配置是一个 BIM 团队创建的首要工作，人才和合适的软硬件配置是团队 BIM 实施的保障。人力资源配置时，应考虑团队 BIM 技术应用及发展方向进行配置项目经理、各专业负责人及 BIM 工程师，且明确各岗位的工作职责，使团队成员各司其职，可有利于团队管理和项目实施；软硬件环境是项目能否顺利实施的基础保障，不同软硬件的支撑能力会影响团队的协作效率。

2.1.1　人力资源配置

结合 PMI 管理体系和 BIM 项目管理经验，一个 BIM 团队组织架构尽量要做到各专业各版块齐全，宜包括土建、机电、专项、视觉表达等专业人员。BIM 团队组织架构通常可分为四个层级（图 2.1-1），第一层级为项目经理，负责与项目委托方对接，组织和协调项目实施工作以及项目实施过程资源等；第二层级为项目执行负责人，主要辅助项目经理，组织协调项目团队 BIM 实施工作，制定 BIM 实施方案、培训方案，利用 BIM 模型优化资源配置组织等；第三层级为各专业负责人，负责协调本专业的进度计划和质量控制，组织协调人员进行各专业 BIM 模型的搭建、优化、三维出图等工作；第四层级为专业工程师，包括土建、机电、专项、视觉表达等人员，主要负责 BIM 咨询项目的具体实施工作。

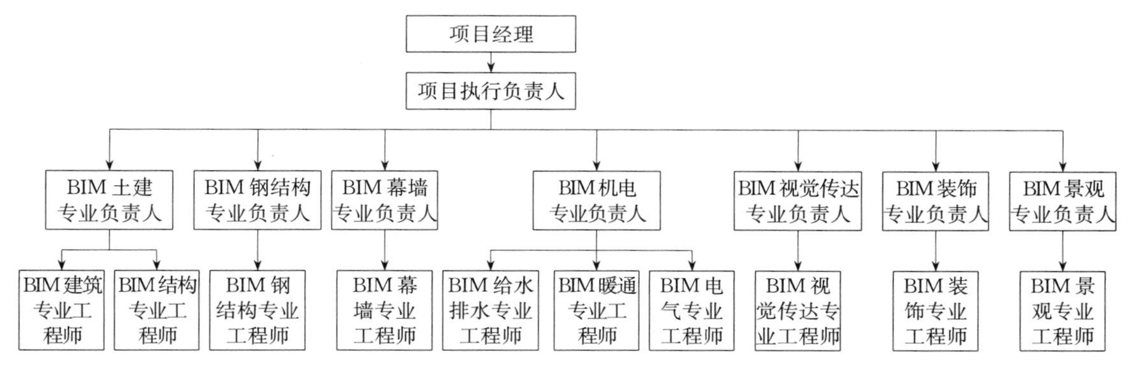

图 2.1-1 BIM 实施团队组织架构图

其中，项目经理应具备较好的团队管理能力及设计、施工经验；项目执行负责人、专业负责人应具备设计、施工经验及一定的管理能力；专项工程师最好从基本专业团队内部培养或兼任，如钢结构和幕墙可由建筑、结构专业 BIM 工程师兼任。若项目需进行后期制作，如建筑动画制作、渲染等，则需配置视觉传达人员，视觉传达人员应具有一定的专业背景。另外，从当前招投标市场情况来看，后期制作的分量越来越大，需引起重视。团队成员角色及职责见表 2.1-1。

BIM 团队成员职责表 **表 2.1-1**

序号	角色	职责
1	项目经理	(1)参与项目决策，制定 BIM 工作计划； (2)建立并管理项目 BIM 团队，确定各角色人员职责与权限； (3)确定项目中的各类 BIM 标准及规范，如项目模型标准、模型交付标准等； (4)负责对 BIM 工作进度的管理与监控； (5)组织、协调人员进行项目实施工作； (6)负责 BIM 交付成果的质量管理与控制，包括阶段性审查及交付审查等，组织解决存在的问题； (7)负责协调、配合项目委托方及其他相关方对外数据接收与交付
2	项目执行负责人	(1)参与项目决策，制定 BIM 工作计划； (2)配合项目经理建立并管理各专业 BIM 团队，确定团队各角色人员职责； (3)配合项目经理制定项目的各类 BIM 标准及规范，如模型标准、模型交付标准等； (4)制定 BIM 实施方案并监督、组织、跟踪； (5)组织、协调人员进行项目实施工作； (6)负责各专业的综合协调工作，如专业协调等； (7)负责 BIM 交付成果的质量管理与控制，包括阶段性审查及交付审查等，组织解决存在的问题； (8)负责收集并了解与 BIM 相关的现有和新兴前沿技术，完成应用价值及优劣势分析

续表

序号	角色	职责
3	BIM土建专业负责人	(1)参与项目决策，制定各专业BIM工作计划； (2)建立并管理各专业BIM团队，确定团队各角色人员职责； (3)负责对专业内BIM工作进度的管理与监控； (4)组织、协调人员进行本专业相关的BIM实施工作； (5)负责本专业的综合协调工作； (6)负责BIM交付成果的质量管理与控制，包括阶段性审查及交付审查等，组织解决存在的问题
4	BIM钢结构专业负责人	
5	BIM幕墙专业负责人	
6	BIM机电专业负责人	
7	BIM视觉传达负责人	
8	BIM装饰专业负责人	
9	BIM景观专业负责人	
10	BIM建筑专业工程师	(1)负责创建建筑专业BIM模型，基于创建三维模型添加BIM构件信息，形成主要的平、立、剖面视图及标注； (2)配合项目需求负责BIM可持续设计(室内外渲染、虚拟漫游、建筑动画、3D施工模拟、工程量统计)； (3)负责对BIM模型进行校核、深化； (4)负责模型更新和维护； (5)负责项目BIM建筑族库的构件模型建立，完善构件库的更新与维护
11	BIM结构专业工程师	(1)负责创建结构BIM模型，基于创建三维模型添加BIM构件信息，形成主要的平、立、剖面视图及标注； (2)配合项目需求负责BIM可持续设计； (3)负责对BIM模型进行校核、深化； (4)负责模型更新和维护； (5)负责项目BIM结构族库的构件模型建立，完善构件库的更新与维护
12	BIM钢结构专业工程师	(1)对项目委托方提供的钢结构图纸进行审核，负责钢结构BIM模型创建和维护，配合其他专业进行BIM模型整合； (2)协助项目经理与项目委托方、施工方沟通，对现场提出的相关技术疑问能够做出回复； (3)熟悉钢结构施工图纸和钢结构模型，能够对现场BIM应用做相应技术指导； (4)模型更新和维护； (5)负责项目BIM钢结构族库的构件模型建立，完善构件库的更新与维护
13	BIM幕墙专业工程师	(1)负责创建幕墙专业BIM模型的搭建； (2)根据现场情况及进度进行协调幕墙安装模拟； (3)将幕墙技术参数、维修资料等信息输入模型； (4)模型更新和维护； (5)负责项目BIM幕墙族库的构件模型建立，完善构件库的更新与维护
14	BIM给水排水专业工程师	(1)负责创建BIM模型(包括给水排水、暖通和电气专业)，负责模型深化； (2)机电各专业碰撞检测，形成碰撞分析报告，提交项目执行负责人审核； (3)制定管线排布方案，调整、优化机电管线； (4)及时根据深化设计及设计变更情况进行模型更新和调整； (5)检查施工预留孔洞图，建立相应模型，并提出意见，最终形成预留孔洞模型和二维图纸指导施工； (6)协调完成机电模型的建筑信息参数，以及配合装饰专业工程师完善机电末端BIM模型布置，为最终基于BIM的系统调试工作和运维模型交付服务； (7)模型更新和维护； (8)负责项目BIM机电族库的构件模型建立，完善构件库的更新与维护
15	BIM暖通专业工程师	
16	BIM电气专业工程师	
17	BIM视觉传达工程师	根据项目成果进行包装，制作漫游、动画、宣传片、PPT等
18	BIM装饰专业工程师	(1)负责装饰专业BIM模型的搭建； (2)根据深化设计以及设计变更的情况对BIM装饰模型进行更新和调整； (3)模型更新和维护； (4)负责项目BIM装饰族库的构件模型建立，完善构件库的更新与维护

续表

序号	角色	职责
19	BIM景观专业工程师	(1)创建BIM基地概念设计时间模型,提供直观设计方案及优化方案; (2)搭建细部设计时间模型,输出模型审查所需的平面图、透视图和剖立面图; (3)提供景观设施较为精确的设施的量体、尺寸、造型、方位、材料、植栽设计位置、结构及水电需求等的信息,以作为较精确的空间量体积设施方位评估、工程造价概估、环境舒适度及施工可行性评估的依据; (4)模型更新和维护; (5)负责项目BIM景观族库的构件模型建立,完善构件库的更新与维护

注:上述BIM项目实施团队角色和工作职责仅供参考,实际项目实施时,应综合考虑项目情况、BIM服务范围等确定。

不同项目的人员配置需根据项目的体量、应用难度、时间周期等因素综合考虑。结合项目实施管理经验,常规项目建议配置成员情况见表2.1-2。

项目实施团队成员配置情况　　表2.1-2

序号	成员角色	配备人数情况
1	项目经理	建议配备数量为1人
2	项目执行负责人	依据经验应配备1人
3	项目专业负责人(可兼任)	依据经验各专业适宜配备1人
4	土建(建筑、结构)工程师	项目面积10万m^2以下2人即可,10万m^2以上酌情增加
5	机电(水、暖、电)工程师	项目面积10万m^2以下3人即可,10万m^2以上酌情增加
6	幕墙工程师(可兼任)	项目面积1万m^2以下1人即可,1万m^2以上酌情增加
7	钢结构专业工程师(可兼任)	项目面积10万m^2以下2人即可,10万m^2以上酌情增加
8	装饰专业工程师(可兼任)	项目面积10万m^2以下2人即可,10万m^2以上酌情增加
9	景观专业工程师(可兼任)	项目面积10万m^2以下1人即可,10万m^2以上酌情增加
10	视觉传达专业工程师	1人即可

为了保证项目实施团队工作按时、保质地完成,按照常规项目要求,对各类项目实施过程中关键环节的人员工作量进行总结,仅供参考,具体建议见表2.1-3。

人员工作量指标表　　表2.1-3

序号	应用内容	建议指标[m^2/(人·d)]					
		住宅	商业综合体	办公、酒店	医院	学校	体育场馆
1	基础模型搭建(土建、机电)	3500	2500	2800	2500	3000	2500
2	室外综合管网模型搭建	3000	3000	3000	3000	3000	3000
3	专项模型搭建	1000	500	800	500	1000	700
4	土建深化	3000	2000	2800	2000	3000	2700
5	管线平铺调整	3000	2000	2500	2000	3000	2500
6	管线标高、坡度调整	3000	2000	2500	2000	3000	2500
7	碰撞调整	3000	2000	2500	2000	3000	2500
8	机房深化	500	300	400	300	500	400
9	出图	5000	3000	4000	3000	5000	4000
10	渲染漫游	5000	5000	5000	5000	5000	5000

2.1.2 软硬件资源配置

（1）BIM 设计软件选择

BIM 软件的选择是团队 BIM 应用的首要环节。在选用过程中，应从团队业务需求和项目委托方要求的角度出发，依托实际项目经验，并按照建筑工程 BIM 设计中重要应用点的需求进行选择，如性能化分析、火灾疏散规划等选用 Massmotion；疏散模拟、消防模拟分析等选用 Pyrosim 和 FDS；学校和高层风环境模拟、日照分析等选用 Phonics 和 Ecotect；钢结构选用 Tekla；幕墙设计一般选用 Rhino；基础建模主要以 Autodesk CAD 和 Revit 为主，其他具体情况可根据项目委托方要求选择软件。BIM 设计常用软件见表 2.1-4。

本书立足于建筑工程 BIM 技术应用，考虑 Autodesk 平台在民用建筑市场的应用优势，本节 BIM 相关应用均基于 Autodesk Revit 平台进行阐述。

BIM 设计软件工具 **表 2.1-4**

序号	应用类别	软件名称	描述
1	性能化分析	Massmotion	性能化分析、火灾疏散规划等
2		Pyrosim	消防模拟分析
3		FDS	疏散模拟分析，计算火灾中的烟气和热环境过程
4		Phonics	风环境模拟分析
5		Ecotect	建筑性能综合模拟（建筑能耗分析、热工性能、水耗、日照分析、阴影和反射等）
6		Pathfinder	人员疏散模拟
7		Cadna/A	室外声环境模拟分析
8	生产工具	Autodesk CAD	二维设计基础平台
9		天正	对二维图纸进行高效编辑修改
10		Autodesk Revit	常规模型建造
11		Autodesk Navisworks	模型整合、碰撞检测、3D 动画与影像
12		Enscape	模型即时渲染
13		Tekla	钢结构详图设计
14		Rhino	异形曲面、幕墙设计
15		Fuzor	人物场景漫游与 4D 施工模拟
16	视觉表达	Autodesk 3Dmax	三维动画制作
17		Lumion	场景渲染动画制作
18		PS	平面设计，图像修改等
19		AI	平面设计
20		CorelDRAW	平面设计
21		AE	三维特效动画合成制作
22		Vegas	影像视频剪辑

（2）硬件和网络选择

BIM 实施硬件环境包括：客户端（个人计算机）、服务器（保护模型的备份和灾难恢复功能）、网络及存储设备等。BIM应用硬件和网络在BIM团队应用初期的资金投入相对集中，对后期的整体应用效果影响较大。

鉴于互联网技术的快速发展，硬件资源的生命周期越来越短。在BIM设计硬件环境建设中，既要考虑BIM对硬件资源的要求，也要结合考虑BIM团队未来发展与现实需求；既不能盲目求高求大，也不能过于保守；避免BIM团队资金投入过大带来的浪费或因资金投入不够带来的内部资源应用不平衡等问题。

BIM团队应当根据BIM设计对硬件资源的要求进行整体考虑。在确定所选用的BIM软件以后，重新检查现有的硬件资源设备及其组织架构，在适用性和经济性之间找到合理的平衡。

当前采用个人计算机终端运算、服务器集中存储的硬件基础架构较为成熟，其总体思路：在个人计算机终端中直接运用BIM软件，完成设计工作，通过网络，将模型信息集中存储在BIM团队数据服务器中，实现基于BIM模型的数据共享和协调工作。该架构方式技术相对成熟、可控性较强，在BIM团队现有的硬件资源组织及管理方式基础上部署，实现方式相对简单，可迅速进入BIM实施过程，是目前BIM团队应用过程中的主流硬件基础架构；但该架构对硬件资源的分配相对固定，不能充分利用BIM团队硬件资源，存在资源浪费的问题。

1）个人计算机配置

BIM技术对于计算机的运行性能要求较高，主要为信息处理数量，BIM团队可针对选定的BIM软件，结合BIM团队人员的工作分工，配备不同的硬件资源，以达到互联网技术基础架构投入的合理性价比。

通过软件厂商提供的硬件配置要求，一般只是针对单一计算机的运行要求而定，未考虑BIM团队互联网技术基础架构的整体规划。因此，计算机升级应适当，不必追求高性能配置。建议BIM团队采用阶梯式硬件配置，分为不同级别，即基本配置、标准配置、专业配置，具体见表2.1-5。

个人计算机硬件配置　　　　**表2.1-5**

项目	基本配置	标准配置	高级配置
BIM应用	1. 局部设计建模 2. 模型构建建模 3. 专业内冲突检查	1. 多专业协调 2. 专业间冲突检查 3. 常规建筑性能分析 4. 精细渲染	1. 高端建筑性能分析 2. 超大规模集中渲染
适应范围	实习生、设计辅助人员	各专业设计人员、分析人员、可视化建模人员	BIM团队进行复杂应用及可视化表达
Autodesk配置需求（以Revit为核心）	CPU：i5－4690K 3.5GHz	CPU：i5－7500 3.4GHz	CPU：i7－9700 3.6GHz
	内存：16GB RAM，主频为2400	内存：16GB RAM，主频为2400	内存：32GB RAM，主频为2400
	硬盘：128G固态硬盘＋1T（7200转）机械硬盘	硬盘：128G固态硬盘＋1T（7200转）机械硬盘	硬盘：256G固态硬盘＋1T（7200转）机械硬盘
	显卡：GTX1050Ti等同级别显卡	显卡：GTX1660或NVIDIA Quadro 4000等同级别显卡	显卡：RTX2060或NVIDIA Quadro K4200等同级别显卡

2）集中数据服务器及配套设施的部署

集中数据服务器用于实现BIM资源的集中存储、共享及协同，例如协同设计的中心文件，资料归档等。BIM 团队在选择集中数据服务商及配套设施时，应根据需求进行综合规划，包括数据存储容量要求、并发用户数量要求、实际业务中人员的使用频率、数据吞吐能力、系统安全性、运行稳定性等。在明确了规划后，可据此提出具体设备类型、参数指标和实施方案。对于 BIM 团队来说，可以选择 NAS 作为协同设计的硬件，该硬件相比市场上普通的服务器来说，效率和安全性更高，性价比更好。

2.2 工作模式

在 BIM 工作环境下，主要包括三种工作模式：单机文件、局域网协同、互联网协同。为方便团队成员协同工作，确保 BIM 模型数据的延续性和准确性，减少项目设计过程中的反复建模及因不同阶段信息割裂导致的设计错误，针对不同项目需根据项目情况、项目需求选择一种或多种工作模式，以提高团队的工作效率。

（1）单机文件

单机文件是由建筑、结构、暖通、给水排水、电气等专业分别创建的孤立、单用户文件，该文件仅包含本专业负责的内容，团队成员单独创建、修改、访问各专业内 BIM 成果。单机文件工作模式适用于体量较小，前期不需要协同的项目，各专业在本地创建，待需要协同工作时也可更换工作模式。

（2）局域网协同

局域网协同又称为工作集协同，在该协同模式下，可方便各专业实施人员依据专业性质确定权限、划分工作范围，各自独立地完成工作。各专业工程师通过创建新的本地工作文件，设置自己的工作集编辑权限，在自己的工作集中开始设计工作。同时局域网协同工作模式也可实时查看团队其他成员的工作进度，便于项目管理者把控项目实施进程。此外，团队成员可定时与服务器中心文件数据同步，必要时可给不同的工作集设置不同的显示颜色以示区分。

（3）互联网协同

若存在多相关方参与、异地协同工作的项目，可选择合适的软件平台进行 BIM 协同。对于此类软件平台要求支持高效的异地协同工作，各相关方可随时随地追踪项目进展，能够全方位保障项目文件的安全性，可防止 BIM 团队核心数据的丢失。由于不同的软件平台协同工作方式不同，具体可根据团队业务和自身发展情况选择合适的互联网协同软件平台。

2.3 管理机制

管理制度是对 BIM 团队日常工作的规范和指导，有利于明确工作方式方法、工作要求、工作规范等，保障相关工作井然有序开展。同时，管理制度也是为了 BIM 团队成员能够更好地融入团队之中，从而创造更大的效益。

BIM 团队的管理制度分为三个方面，第一个方面是考勤管理制度，其目的是加强团队考勤管理，规范团队成员的日常行为，督促团队成员养成自觉遵守纪律的好习惯，保证各项工作的正常开展；第二个方面是会议制度，目的是使团队的会议管理规范化和有序化，提高会议的质量和效率，切实跟踪落实会议提出的各项工作任务与工作要求的完成情况；第三个方面是项目管理制度，目的是规范团队项目管理、提高项目质量、降低项目成本、规避项目风险，同时激发团队成员的积极性、主动性及创造性，实现成员与 BIM 团队的共同发展。

以上三个方面的管理机制内容，可作为团队成员年终绩效考核的依据，实际得分将综合项目实施体量、项目完成质量、团队成员互评打分情况以及领导的审核及评价，综合形成年终绩效考核的成绩。

2.3.1　考勤管理制度

考勤管理制度包括工作日上下班打卡情况、请休假制度等内容，具体规定根据 BIM 团队实际情况自定。

2.3.2　会议管理制度

会议管理制度主要包括每周例会管理、日常项目会等内容。其中，周例会为每周的项目例会，由项目经理组织，参会人员为项目执行负责人、BIM 团队各专业负责人以及 BIM 团队各专业骨干，主要为了及时管控每周实际项目的实施情况及解决资源问题；日常项目会是依据实际项目进展情况而定，由项目执行负责人组织，参与人员为该项目实际参与人员，主要解决项目技术问题和节点变更。

在周例会中，项目执行负责人应该提前督促专业负责人填写“工作周报”（各项目进度节点、上周完成情况、本周完成情况、实施阻碍及难点等），参会的项目专业骨干应提前准备汇报内容，会议中认真做好记录，方便与其他未参会项目成员说明会议情况。

在日常项目会议中，项目执行负责人应提前准备会议资料，若需投影 PPT 等资料，应在会议前调整好设施设备，方便会议的正常进行。另外，应指派一名成员做好会议纪要，扫描存档。

2.3.3　项目管理制度

项目管理制度主要包括三方面内容，分别为项目跟踪分析、项目评审和 BIM 团队数据集成管理。

（1）项目跟踪分析

项目跟踪分析（过程管控）的目的是为了监督、督促 BIM 团队成员提高项目任务完成的效率，避免质量不高导致的返工和资源浪费现象；项目执行负责人及时把控项目进展，监督过程执行情况，并与各专业负责人沟通交流，发现问题并提出纠偏措施，以便及时改正。

BIM 团队成员每天定时在内部沟通群完成“工作日志”填写，反映每人每天工作完成内容及过程状态数据；各专业负责人每周一（时间可根据团队自身情况确定，下同）定时在沟通群填写“工作周报”，反映上周项目完成内容及过程状态数据，并规划本周项目需要完成的工作内容及交付节点。内容包括阶段性交付内容、上周完成情况、是否偏差、偏差原因、解决措施、本周工作计划。

（2）项目评审

项目评审（质量管控）主要是对项目实施过程中的每一项成果进行质量评审并输出相应评审报告的过程。评审建议采取三级校审评定模式：一级校审人为项目各专业负责人，完成团队 BIM 项目“质量管控标准”（详见附录 1）中 100％的核查项；二级审核为项目执行负责人对 BIM 项目“质量管控标准”中关键节点的审核；三级审定为项目经理根据“质量管控标准”，结合项目需求，对交付成果进行整体质量把控，查看提交内容是否存在缺、漏项，是否按标准提交成果等。三级校审人员均需填写项目“质量控制报告单”作为修改/追溯依据，“质量控制报告单”将作为质量记录进行资料归档。

（3）BIM 团队数据集成管理

BIM 团队数据集成管理是为了方便团队成员查看项目历史资料、存档、日常学习等。

1）项目执行负责人收集并集成包括模型、图纸等 BIM 相关的数据，并按照团队文档管理标准进行分类；

2）项目执行负责人负责对数据进行检查并统一管理，定期进行数据更新，将数据在项目沟通群中进行共享，提醒大家下载查阅并修正。

2.4 BIM 标准体系建立

目前，行业内 BIM 技术的相关标准、指南等法律责任界限不明，且国家层面的 BIM 标准还未全面铺开，导致项目细节处理表达混乱。为规范团队 BIM 实施，确保 BIM 成果可复用，BIM 模型数据可向下游传递，建立 BIM 标准体系是团队实施 BIM 的首要条件。在建立 BIM 标准体系时，BIM 团队应结合自身业务特点和 BIM 技术应用情况，建立适用于团队自身需求的 BIM 标准体系。通常，为提高工作效率，规范 BIM 应用成果，团队 BIM 标准体系应至少包括 BIM 模型工作标准、BIM 成果交付标准、BIM 数据库等内容。

2.4.1 BIM 模型工作标准

为统一实施管理，方便各相关方进行模型的共享和信息传递，需要制定统一、规范的 BIM 模型工作标准，主要包括文档管理标准、模型命名规则、模型颜色标准、模型深度标准、模型拆分标准。除文档管理标准外，其余均应基于国家及地方相关 BIM 标准制定。

（1）文档管理标准

BIM 项目实施过程中所产生的文件通常可以分为三大类：依据文件、过程文件、成果文件。BIM 团队应根据自身需求或团队项目文档标准对项目实施过程中产生的所有文件资料进行整理、归档。其中依据文件包括二维设计图纸提资、合同文件、规范、标准等；过程文件包括问题报告、过程模型、会议纪要、校审意见等；成果文件包括阶段性交付成果、最终交付成果，如各专业模型、轻量化模型、BIM 蓝图等。文件管理架构可参考图 2.4-1。

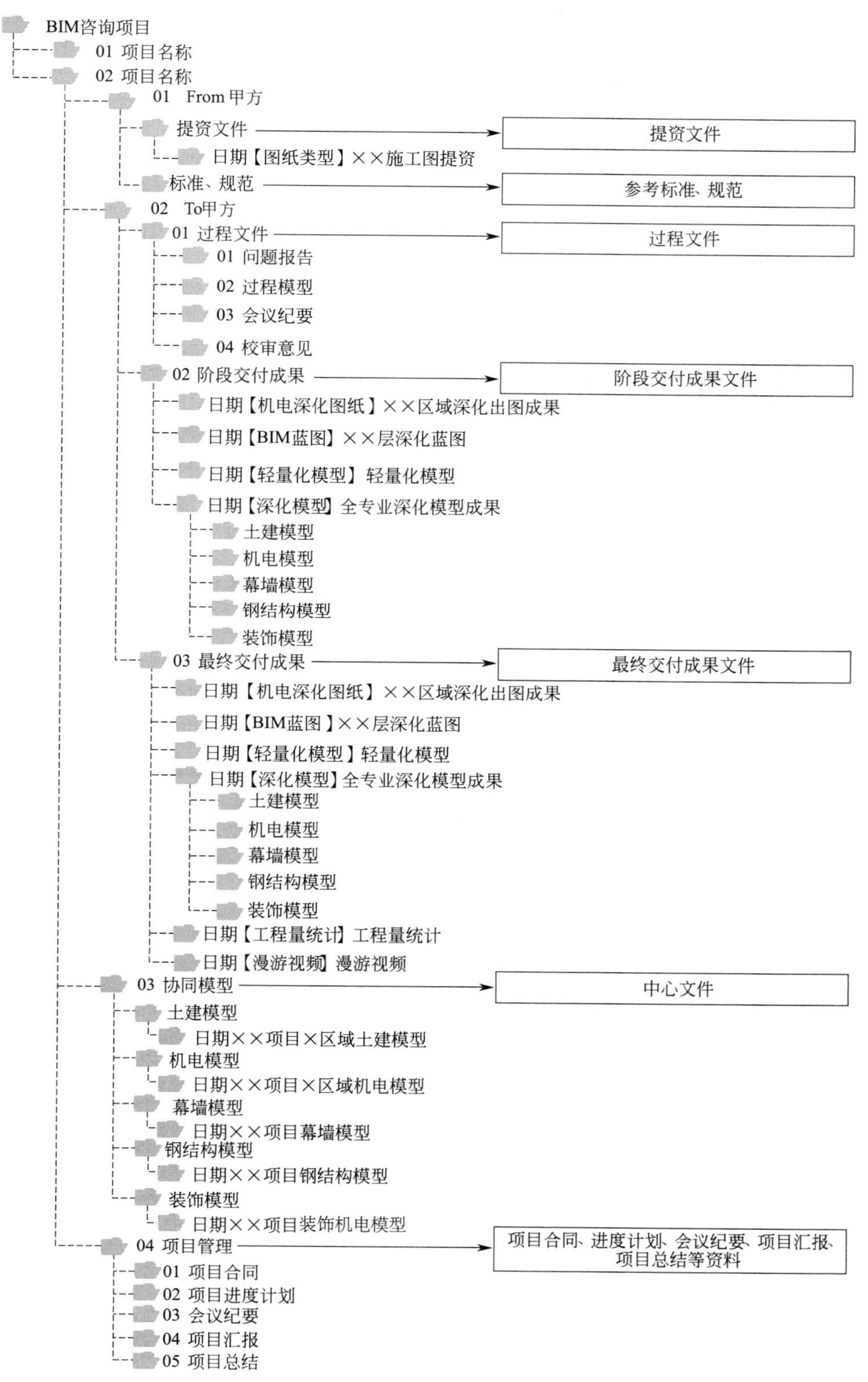
BIM咨询项目
01 项目名称
02 项目名称
01 From 甲方
提资文件
日期【图纸类型】××施工图提资
标准、规范
02 To甲方
01 过程文件
01 问题报告
02 过程模型
03 会议纪要
04 校审意见
02 阶段交付成果
日期【机电深化图纸】××区域深化出图成果
日期【BIM蓝图】××层深化蓝图
日期【轻量化模型】轻量化模型
日期【深化模型】全专业深化模型成果
土建模型
机电模型
幕墙模型
钢结构模型
装饰模型
03 最终交付成果
日期【机电深化图纸】××区域深化出图成果
日期【BIM蓝图】××层深化蓝图
日期【轻量化模型】轻量化模型
日期【深化模型】全专业深化模型成果
土建模型
机电模型
幕墙模型
钢结构模型
装饰模型
日期【工程量统计】工程量统计
日期【漫游视频】漫游视频
03 协同模型
土建模型
日期××项目×区域土建模型
机电模型
日期××项目×区域机电模型
幕墙模型
日期××项目幕墙模型
钢结构模型
日期××项目钢结构模型
装饰模型
日期××项目装饰机电模型
04 项目管理
01 项目合同
02 项目进度计划
03 会议纪要
04 项目汇报
05 项目总结
提资文件
参考标准、规范
过程文件
阶段交付成果文件
最终交付成果文件
中心文件
项目合同、进度计划、会议纪要、项目汇报、项目总结等资料

图 2.4-1 文件管理架构

(2) 模型命名规则

BIM模型命名主要包括模型构件命名、模型视图命名，考虑到模型的行政审查需求，建议命名规则基于国家及地方标准进行制定。构件命名字段建议包括构件名称和构件尺寸；模型视图命名应与设计图纸保持一致。

(3) 模型颜色标准

机电各专业、系统的管线颜色建议按照国家、地方制定机电各专业系统命名和颜色RGB值。通常暖通、给水排水、电气专业各系统的颜色设置宜参考《建筑工程设计信息模型制图标准》JGJ/T 448—2018的相关规定。

(4) 模型深度标准

结合国家、地方BIM标准，建立BIM团队项目模型深度标准。其中场地、建筑、结构、暖通、给水排水、电气、常规幕墙等常规专业的模型深度宜参照《建筑信息模型设计交付标准》GB/T 51301—2018、《建筑工程设计信息模型制图标准》JGJ/T 448—2018中的相关规定；复杂幕墙模型深度宜参照中国建筑装饰协会标准《建筑幕墙工程BIM实施标准》T/CBDA 7—2016中的相关规定；室内装饰模型深度宜参照中国建筑装饰协会标准《建筑装饰装修工程BIM实施标准》T/CBDA 3—2016。

本书也梳理出BIM深化设计基础专业常规的建模内容以供参考，具体内容如表2.4-1所示。

各专业建模内容 **表2.4-1**

专业	建模内容
总图	地形地貌、用地红线、规划控制线、城市道路、桥梁、隧道、轨道交通、建筑物、道路、停车场、广场、活动场地、道闸、车挡、减速带、路灯、乔木、绿地、水体、挡土墙、护坡、围墙、室外管道、排水沟、电缆沟、地面和埋地设备设施等
建筑	建筑墙、零星砌体、门、窗、台阶、楼梯、栏杆、扶手、坡道、扶梯、楼板洞口、排(截)水沟、电缆沟、集水坑、散水、明沟、防火卷帘、楼梯、车位(区分各类型车位)、车道中心线、建筑找坡(车库地面)、空调板、电梯/扶梯基坑、雨篷、阳台、露台等
结构	剪力墙、梁、板、柱、设备基础、楼梯、梯梁、梯柱(根据项目需求)、洞口、坡道、水池、水箱、集水坑、排水沟等
暖通	挡烟垂壁、空调系统(空调送风、空调回风、新风等)、消防系统(排烟、排风、排烟兼排风、加压送风、送风、补风、送风兼补风等)等所有风管及水管管线、连接件、设备、阀门开关、末端点位(风机盘管、风口等)，管井、机房(制冷机房、锅炉房、空调末端机房)内管线和设备
给水排水	给水排水、消防等系统的管线、连接件、设备、阀门开关、末端点位(喷头、消火栓、消防水炮等)，管井、机房(湿式报警阀间、水泵房、消防水池等)内管线和设备
电气	电气各系统桥架、母线槽、照明桥架、连接件、照明灯具、设备箱柜、充电桩、末端点位(烟感、温感、报警灯、摄像头等)，电井、机房(开闭所、变配电所、柴油发电机房、配电间、弱电机房)内的管线和设备箱柜

(5) 模型拆分标准

模型拆分的主要目的是协同工作，提高单个模型文件过大时的工作效率。通过模型拆分达到多用户访问，提高大型项目的操作效率，实现不同专业间的协作。

BIM模型通常可以按专业、楼层、构件/系统类型等进行拆分，拆分原则如下：

1) 按专业拆分。项目模型宜按专业进行划分，宜拆分为土建、机电、幕墙等。

2) 按楼层拆分。项目模型宜按自然层、标准层或地上、地下进行划分，但外立面、幕墙、钢结构、景观等专业不宜按楼层划分。

3) 按构件/系统类型拆分。专业内模型可按构件/系统类型进行工作集拆分，如建筑专业可按建筑墙、门窗、楼梯划分等；结构专业可按结构梁、结构板、结构柱、结构墙划分等；给水排水专业可以按给水排水、消防、喷淋系统划分等；暖通专业可按防排烟、通风及空调、空调水、空调冷媒管划分等；电气专业可按强电、弱电、照明划分等。

2.4.2 BIM成果交付标准

（1）BIM成果交付内容及格式

为了保证BIM成果交付内容、交付格式的一致性和信息的有效传递，BIM团队应基于国家及地方标准制定设计、施工各阶段的成果交付内容及交付格式。通常BIM成果交付包括各专业模型、图纸、可视化文档等资料，它们的格式一般为通用性数据格式。常见的BIM成果交付内容及格式，如表2.4-2所示。

BIM成果交付内容及格式 **表2.4-2**

交付物	成果要求	格式
BIM模型(土建、机电、幕墙、钢结构、装饰等模型)	需正确反映设计意图，无遗漏	RVT/NWD/DWF/IFC
图纸校审、净高分析报告	在模型搭建过程中需及时记录设计问题，并整理汇总	DOC/DWG/PDF
专业间、专业内协调问题报告	专业间及专业内的协调问题，并做好问题情况跟踪	DOC/DWG/PDF
工程量清单	包含建筑、结构、暖通、给水排水、电气等专业的工程量统计	XLS
二维图纸(综合管线、剖面、预留洞图)	基于BIM模型输出，并能准确表示出管道类型、尺寸、标高、位置等	DWG/PDF
可视化文档	提供通用的媒体文件格式，且分辨率不小于1280×720	EXE/AVI/WMV/FLV

（2）BIM成果交付质量管控标准

制定团队BIM成果质量管控标准是保障BIM实施成果质量的关键，根据上述常见的BIM成果交付内容，通常主要管控其正确性、完整性。对于图纸，主要管控各专业图纸表达是否完整、简洁、美观等，如标注是否重叠，是否具有施工作用。而BIM模型是工程项目全生命周期中各相关方共享的工程信息资源，也是其余交付成果制作的重要依据，BIM模型质量管控标准应基于国家及地方标准进行制定，主要包括模型完整性、建模规范性、设计指标及规范、模型协调性、模型美观性，具体如下：

1）模型完整性。指BIM模型中所应包含的构件等内容是否完整，BIM模型所包含的内容及深度是否符合交付等级要求。

2）建模规范性。指BIM模型是否符合建模规范，如BIM模型的建模方法是否合理，模型构件及参数间的关联性是否正确，模型构件间的空间关系是否正确，属性信息是否完整，交付格式及版本是否正确等。

3）设计指标、规范。指BIM模型中的具体设计内容，设计参数是否符合项目设计要求，是否符合国家和行业主管部门有关建筑设计的规范和条例，如BIM模型及构件的几何尺寸、空间位置、类型规格等是否符合规范及合同要求。

4）模型协调性。指BIM模型中各专业内、专业间是否存在碰撞、预留的安装空间、检修空间是否合理等。

5）模型美观性。指 BIM 模型中管线布置是否整齐、美观。对于装饰模型还需检查建筑空间装饰的整体效果以及每个装饰构件的材质、色彩、造型等是否符合美学要求，BIM 文件的画面美观质量，构图、视点、标注等设置是否美观合理。

本书也根据前期项目实践和项目委托方验收要求，拟定了各专业 BIM 模型和 BIM 设计图纸的质量管控标准，详见附录 1“质量管控标准”。

2.4.3 BIM 数据库

BIM 数据库用于收集和存储团队项目样板、BIM 构件资源、BIM 行业资料及经验教训等组织过程资产。成熟的项目样板及完备的族库，是体现一个 BIM 团队核心竞争力的关键所在，同时一个团队还需要了解国家政策，收集行业前沿技术，总结经验教训，使团队可持续发展，不断进步。

（1）项目样板

为满足 BIM 模型审查要求，且强调 BIM 模型的良性传递和复用，制作项目样板，对于提高工作效率，保证出图质量有很大帮助。项目样板可为项目提供包括视图样板、过滤器、系统配置、明细表、已载入族、已定义的设置（单位、填充样式、线样式、注释样式、线宽、视图比例等）和几何图形，后续整个项目 BIM 设计也将在项目样板提供的平台上进行。

由于 BIM 软件中默认的系统样板文件不符合国内的制图规范，BIM 团队需要依据国家及地方标准，结合团队 BIM 业务需求，制定适用于本团队的项目样板。同时，项目样板还应随着 BIM 技术的发展及团队 BIM 实践进行持续性的更新。对于建筑行业 BIM 团队，土建样板、机电样板是实施 BIM 项目的必要条件。除此之外，还应根据团队 BIM 应用情况，建立其他专项样板，如装饰样板、景观样板、标识标牌样板等，各专业项目样板包含内容如表 2.4-3 所示。项目样板的具体制作详见本书 6.3 节。

项目样板 **表 2.4-3**

序号	样板	样板内容
1	土建样板	建筑、结构、幕墙、玻璃采光顶
2	机电样板	给水排水与小市政、暖通、电气与智能化
3	装饰样板	初始样板中添加各类建筑墙、吊顶、楼板、门窗等精装配套设施
4	标识标牌样板	初始样板中添加消防疏散、客流导向、车流导向、楼层综合信息等标识
5	景观样板	初始样板中添加路灯、雕塑、坐凳、地面铺装楼板及各类植物等路面设施

（2）族库

BIM 构件是 BIM 技术应用的关键基础数据。在 BIM 实施中积累的大量构件，经过加工处理，可形成能重复利用的构件资源，存放于族库内，有利于提高后续 BIM 技术应用的工作效率。

（3）共享知识库

在日常工作中，BIM 团队除了进行项目实施外，还应形成相关的共享知识库供团队成员学习，主要可从以下几个板块进行分类积累：资料查询及学习途径、标准政策文件资料、优秀案例资料、同行业相关资料、BIM 技术干货、项目总结等（图 2.4-2）。

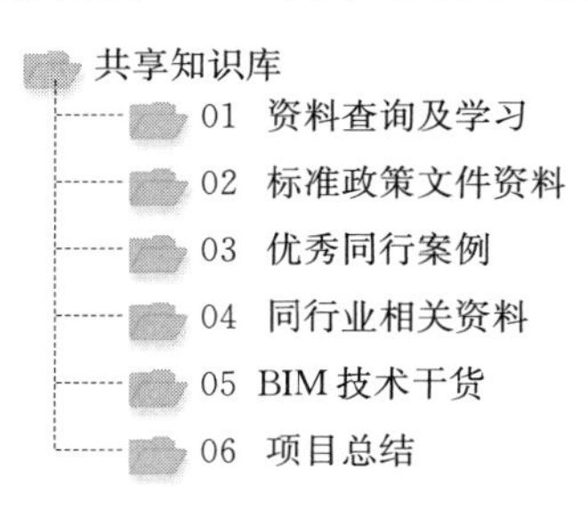

图 2.4-2　共享知识库组织架构

第3章　PMI体系下的BIM深化设计

3.1　PMI体系下的BIM深化设计

项目管理协会（Project Management Institution，简称PMI）于1966年在美国宾州成立，是目前全球影响力顶级的项目管理专业机构，PMI的管理核心是“目标”与“结果”，其核心思维是“目标导向，计划先行”，强调项目管理80%的时间在于规划。

所谓项目管理，是通过运用管理的知识、工具、技能和技术于项目活动上，来解决项目的问题或达成项目的目标，如图3.1-1所示。通俗来讲，项目管理就是通过周密的计划，管理好项目中的人、事、物，达成项目目标。项目管理规划即在项目正式执行前，合理规划项目的范围、进度、资源，实现过程及时纠偏，如图3.1-2所示。

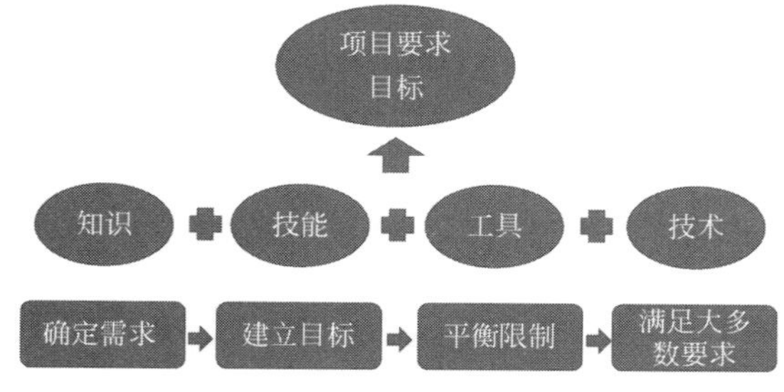

图3.1-1　项目管理特征

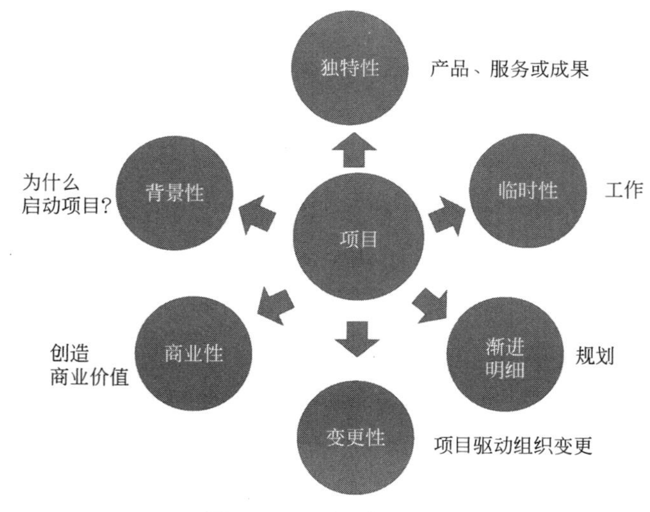

图3.1-2　项目管理规划

PMI项目管理知识体系（以下简称“PMI体系”）在项目管理领域，具有很高的权威性。其包括项目管理的全部内容，从项目框架上讲，有项目管理五大过程组（图3.1-3），即启动、规划、执行、监控、收尾；从项目管理中的各个专业上讲，有项目管理十大知识领域，分别为项目整合管理、范围管理、进度管理、成本管理、质量管理、资源管理、沟通管理、风险管理、采购管理、相关方管理。PMI体系不仅注重从计划到结束的管理过程，更注重跨专业、跨部门的协调和团结，在最短的时间，以最低的成本，高质量地完成各项任务。

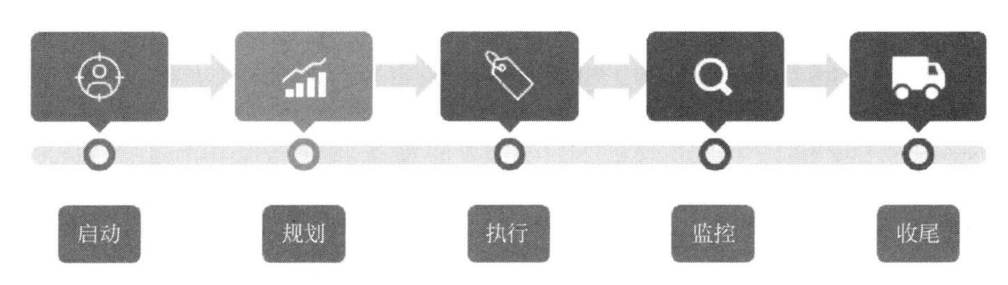

图3.1-3 PMI项目管理过程组

工程项目具有规模较大、投资较高、系统复杂、工期要求较短等特点，在PMI体系下的工程项目管理，可实现对工程项目范围、进度、成本、质量、资源、沟通、风险、相关方等方面的精细化管理。但在实际管理过程中，常常会出现不间断的工程变更、组织管理混乱等问题。而BIM技术作为新兴技术，具有可视化、协调性、模拟性等优势，其不仅可以“预演”工程建设的全过程，还为项目管理提供了一种创新思路。结合目前行业主流的BIM深化设计应用，我们基于实际项目经验及大量调研结果，研究BIM环境下的项目管理流程与组织结构，梳理了一套基于BIM的跨组织、跨部门的项目管理流程与组织结构，即PMI体系下的BIM深化设计。

PMI体系下的BIM深化设计借鉴PMI项目管理相关知识，努力解决传统的项目管理模式与BIM环境下的项目管理产生的冲突问题。按照项目管理五大过程组的工作流程及工作目标，本书对BIM深化设计进行梳理总结，明确各阶段工作任务、交付成果及相关风险，力求通过科学的、结构化的方法解决BIM团队管理和实施BIM咨询项目的问题，以及规范项目团队实施行为，促进BIM技术应用的落地，推动BIM技术在房屋建筑工程的应用发展。

3.2 BIM深化设计实施总流程

BIM深化设计项目实施总流程如图3.2-1所示。

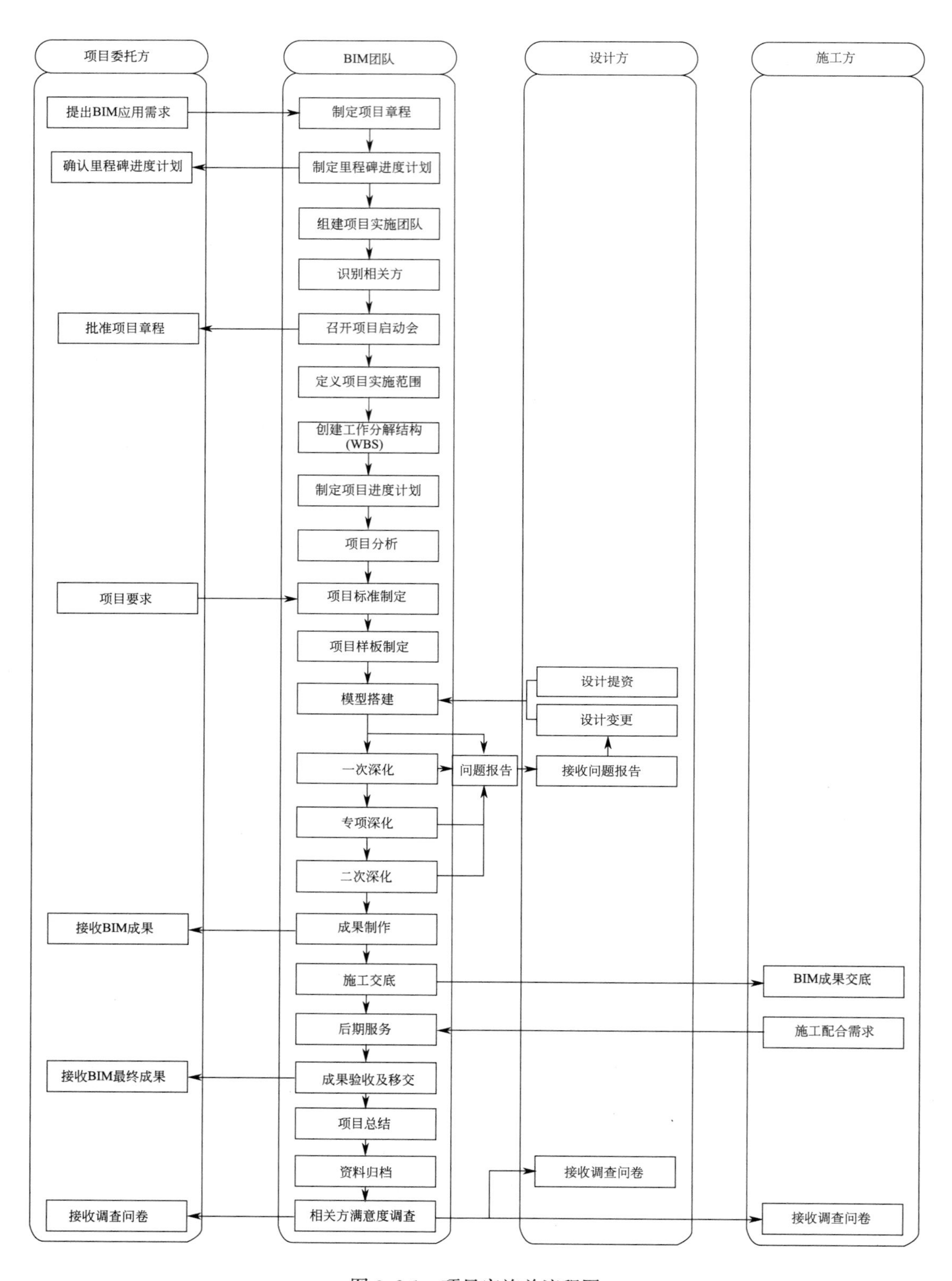

图 3.2-1　项目实施总流程图

第 4 章　项目启动阶段

项目启动阶段是识别和开始一个新项目的过程，一般在招投标结束、合同签订之后。此过程最首要的工作任务是任命项目经理，项目经理任命后才能开展项目前期的准备工作，而且项目启动阶段准备充分与否，也直接关系到后续项目实施。为保证项目启动阶段工作的顺利完成，项目经理应主动与项目相关方沟通、交流，收集、整理项目各相关方的需求，并与项目委托方明确项目的应用目标、应用范围，便于估算资源，组建项目实施团队。在项目实施团队组建后，另一个关键工作任务是项目启动会，项目启动会是一个非常重要的会议，其主要目的是将项目相关方聚集在一起，就项目应用目标、应用范围达成共识；同时，项目经理在会前的准备工作也决定了项目启动会能否取得良好的效果。因此，项目启动阶段对项目经理而言不仅是一个新项目的开始，也代表一个新的挑战。

本阶段的主要工作任务包括制定项目章程、召开项目启动会，工作流程如图 4.0-1 所示。

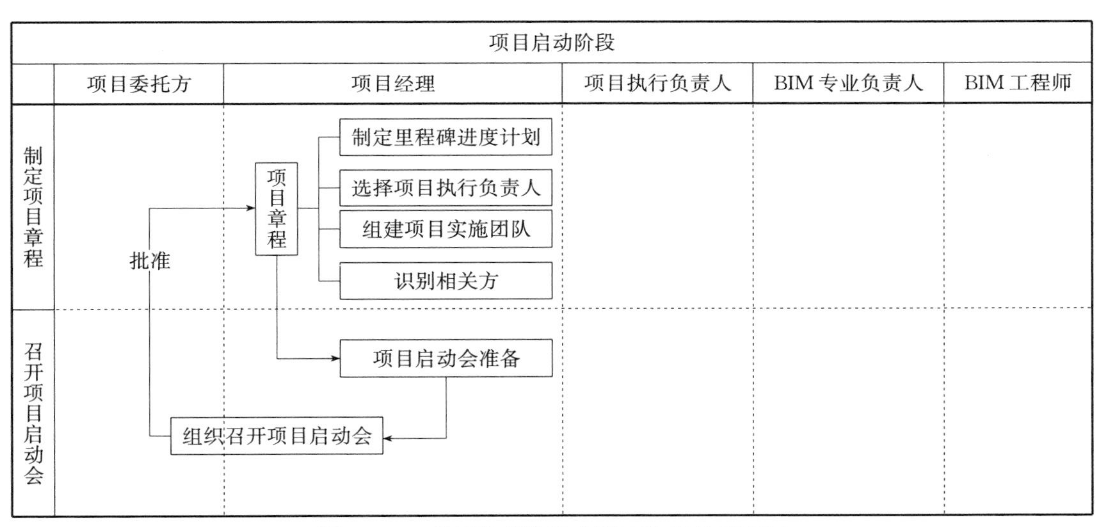

图 4.0-1　项目启动阶段主要工作任务流程图

4.1　制定项目章程

制定项目章程指的是制订一份正式批准项目或阶段的文件，该文件主要用于记录项目相关方的初步需求和期望，使 BIM 团队与项目委托方之间建立起关联关系。

制定项目章程主要目的在于：

(1) 总体上对交付物、里程碑节点、相关方角色职责达成共识；

(2) 明确项目经理的权利、职责和义务，任命项目经理。

项目章程通常是在项目启动会上正式宣布项目经理的任命指令，规定项目的基本范围并与项目相关方达成共识。因此在召开项目启动会前，项目经理应完成项目章程的制定。

4.1.1 工作任务详解

项目章程主要包括项目描述、项目需求、里程碑进度计划、项目沟通要求、项目质量控制、相关方登记册、项目验收要求、项目经理及其权责。

（1）项目描述

项目描述主要是对项目情况、项目交付成果以及如何实现项目目标的描述，其中项目交付成果依据项目合同进行编写。

（2）项目需求

项目需求是为了实现项目目标需要满足项目委托方的条件。通常可在合同签订前咨询、商务谈判的过程中收集到项目委托方的需求，例如实施版施工图、零碰撞模型、驻场服务等需求。

（3）里程碑进度计划

项目中重大事件节点，如项目阶段性交付成果、项目阶段开始或结束。

（4）项目沟通要求

规定项目实施过程中的沟通机制，例如工作日志、周报、月度会议，沟通途径如电话、邮件、QQ、微信等。

（5）项目质量控制

建立项目质量控制原则，质量问题三级校审评定模式。

（6）相关方登记册

相关方登记册是指登记对项目有影响的人员或组织，主要涉及项目委托方、一次设计、施工、专项设计、BIM 团队等。

（7）项目验收要求

项目委托方或相关方验收项目可交付成果的必要条件。

（8）项目经理及其权责

通常由项目发起人对项目经理的权利、职责和义务进行约定。项目经理主要是对项目整体组织和项目实施进程的协调以及项目实施成果质量的管控。

4.1.2 交付成果

项目章程（详见附录 2）。

4.1.3 风险提示

（1）BIM 团队与项目委托方需要就项目目标、项目范围（深度）等进行双向确认达成共识，防止由于信息不畅造成理解不一致。

（2）合适的项目经理，是项目成功的关键。如果项目经理缺乏项目管理经验，易造成项目实施工作的推进不畅和混乱。

4.2 制定里程碑进度计划

在项目实施全过程通常需要制定阶段任务完成点或关键任务的完成点，即里程碑节点。制定里程碑节点的目的在于以里程碑节点为监控点，对项目实施从进度、质量等方面进行更加有效的监控和管理，便于项目实施团队成员明晰项目阶段性目标，有利于项目管理者与项目实施团队成员之间就进度问题进行沟通。

4.2.1 工作任务详解

里程碑进度计划通常由项目经理负责编制。在编制时，以项目目标、合同要求为依据，以可交付成果为导向，制定项目里程碑进度计划。里程碑进度计划包括阶段性交付节点和交付内容。

4.2.2 交付成果

里程碑进度计划。

4.2.3 风险提示

（1）里程碑进度计划制定完成后需要与项目委托方沟通确认达成一致。

（2）里程碑必须可审查、可测量，有明确的完成标准。

4.3 组建项目实施团队

项目实施团队是指为了完成项目工作任务而组成的实施团队。项目实施团队组建要根据项目体量、应用范围、应用需求、里程碑、人员结构和资源等因素确定项目实施团队的组织架构、成员。通常项目实施团队应具有三个基本属性：

（1）共同承担项目任务；

（2）建筑、结构、暖通、给水排水、电气专业BIM工程师至少一名，而幕墙、钢结构、装饰以及其他专项BIM工程师根据项目需求配置；

（3）有唯一的项目执行负责人跟进项目，协调项目。

4.3.1 工作任务详解

（1）资源需求分析

资源需求的分析和识别是项目实施团队组建的基础。在项目实施团队组建前，项目经理需要根据项目情况、实施范围、里程碑进度计划，识别项目的资源需求，分析项目各类资源的需求以及各种资源需要占用的时间。根据调研，很多项目在中后期出现资源不足，都是由于早期在资源规划时出现了疏漏和偏差。所以项目经理在资源需求分析时，还应考虑好备用方案，避免后续因关键资源短缺导致项目无法正常进行。

（2）选择项目执行负责人

根据项目的应用要求和项目自身特点，由项目经理选定合适的项目执行负责人，项目执行负责人必须具备很强的沟通和协调能力，对项目进行整体把控和实施推进。原则上要求选择具备同类项目实施经验、能力匹配的项目执行负责人。该人选的能力将极大影响项目实施工作推进的程度。

在选定项目执行负责人后，项目经理应与项目执行负责人明晰项目实施目标、项目实施范围，明确肩负的责任，发挥项目执行负责人的主观能动性。

（3）组建项目实施团队

根据前期资源需求分析，结合项目情况、实施要求、人员的工作安排等情况，组建项目实施团队成员。项目实施团队宜包括建筑、结构、暖通、给水排水、电气等专业的BIM工程师至少一名，且各专业必须设置一名专业负责人。其中幕墙、钢结构、视觉传达、景观、装饰等专业BIM工程师应根据项目BIM应用需求进行组建。

根据前期BIM项目实践，土建、机电专业通常会先行开展模型搭建、深化工作，而幕墙、钢结构、装饰以及其他专项设计一般是在一次深化后介入。为避免资源浪费，项目实施团队成员没有必要一次性到位，可以优先保证前面阶段的工作需求，后续再根据项目进度安排对应成员介入。

4.3.2 交付成果

项目实施团队职责与成员名单。

4.3.3 风险提示

（1）项目实施团队组建时要注意项目实施团队成员的合理搭配，项目经理没有必要要求项目实施团队中的所有成员都具备很好的技能和经验，这会造成成本增加和资源浪费。

（2）项目经理在资源需求分析时，应综合考虑多方面因素，制定多种方案备用。

4.4 识别相关方

相关方是指能影响项目决策、活动或者结果的个人或组织，它包括项目实施团队所有成员，以及团队内部或外部与项目有利益关系的个人或组织，如项目委托方、一次设计、施工、专项设计、BIM团队等。

识别相关方主要是分析和记录影响项目实施的潜在因素，如相关方利益、参与度、相互依赖性。本过程的主要作用是，使项目实施团队能够对每个相关方或相关方群体给予适度关注。

4.4.1 工作任务详解

为扎实推进项目实施，保障项目的顺利完成，应该在项目章程被批准、项目经理被委任以及项目实施团队组建之后，尽早开始识别相关方并引导相关方参与。

本过程通常在编制项目章程之前或同时开展，由项目经理识别相关方角色、姓名、单位、项目职位、职责、联系方式等主要身份信息，并通过相关方登记册进行记录；同时，相关方信息也需要定期更新，相关方登记册如表4.4-1所示。

通常在出现以下情况时，识别相关方的工作需在必要时重复开展。

（1）项目进入不同阶段时；
（2）当前相关方不再与项目工作有关，或者出现了新的相关方；
（3）项目或组织出现重大变化。

相关方登记册　　表4.4-1

相关方登记册					
项目名称：					
序号	姓名	单位	项目职位	职责	联系方式

4.4.2　交付成果

相关方登记册。

4.4.3　风险提示

（1）需重复开展识别相关方工作时，应及时执行，避免项目实施过程沟通不及时，影响项目进程。

（2）识别相关方过程除识别相关方主要身份信息外，项目经理还应主动与相关方进行沟通、交流，了解相关方需求。

4.5　召开项目启动会

项目启动会是一个非常重要的会议，主要目的是让项目实施团队更有信心，更加明确项目实施目标、实施范围。项目启动会的成功召开是项目开展的良好开端。

项目启动会主要由BIM团队牵头，组织项目委托方、一次设计、施工、专项设计等重要相关方一起召开项目启动会，启动会主要涉及以下几点内容：

（1）明确项目委托方、一次设计、施工、专项设计、BIM团队等相关方的角色与定位；

（2）明确项目BIM的实施目标；

（3）对初步交付成果、里程碑节点、后期配合等工作讨论明确；

（4）各相关方需求调研。

4.5.1　工作任务详解

（1）启动会准备

在项目启动会前，由BIM团队牵头，项目经理主导执行，确定会议议程及参与人员、发送会议通知、准备相关资料等工作任务。

（2）召开项目启动会

1）主持人讲话

介绍项目启动会议题、主要参会人员、会议内容以及会议流程。

2）项目委托方负责人发言

介绍项目概况，界定各相关方的角色定位和工作职责，明确项目 BIM 的实施目标及范围，并表达希望各相关方对 BIM 工作的支持和配合。

3）项目发起人宣布项目经理任命

4）项目经理发言

介绍项目初步交付成果、里程碑节点、后期配合等内容，调研各相关方需求，并在会中进行讨论，与项目委托方明确交付成果、里程碑节点、后期配合等内容。

5）答疑及交流

参会人员就项目相关情况、不明确的内容、不合理的安排，提出顾虑和疑问，并就存在的问题进行初步沟通交流。

6）建立项目通讯录

为进一步进行沟通交流，由项目经理或项目委托方就项目相关方建立通讯录（QQ/微信群、项目通讯录等）。

4.5.2 交付成果

会议纪要（详见附录 3）。

4.5.3 风险提示

（1）项目启动会要做好充分准备，若在会议进程中让项目委托方发现不专业或能力不强，将会降低项目委托方对项目实施团队的信心。

（2）如果没有明确各相关方的角色定位和工作职责，容易造成各相关方角色职责混乱，推卸工作任务和工作责任。

第 5 章　项目规划阶段

随着收集和掌握的项目信息不断增多，通常在项目启动会召开之后，需要进一步定义项目实施范围、规划项目实施过程，项目进入规划阶段。在项目规划阶段需要制定一个全面且可以指导项目实施团队贯穿项目执行和收尾等阶段的工作计划，在任务分解的同时要做好资源分配、项目规划工作，以此降低项目实施过程中的风险，实施工作开展起来也会事半功倍。

在项目规划阶段，项目经理首先应基于项目章程，与项目相关方进一步沟通、交流，收集相关方需求，定义项目实施范围。在定义项目实施范围后，结合项目特点，逐级逐层分解项目工作任务，并进一步为工作任务分配时间和人员，制定详细的项目进度计划。详细的项目进度计划可为项目进度管理提供可靠依据，有利于项目团队实施成员执行项目，项目管理者管控项目。

本阶段的主要工作任务包括定义项目实施范围、创建工作分解结构（WBS）、制定项目进度计划，工作流程如图 5.0-1 所示。

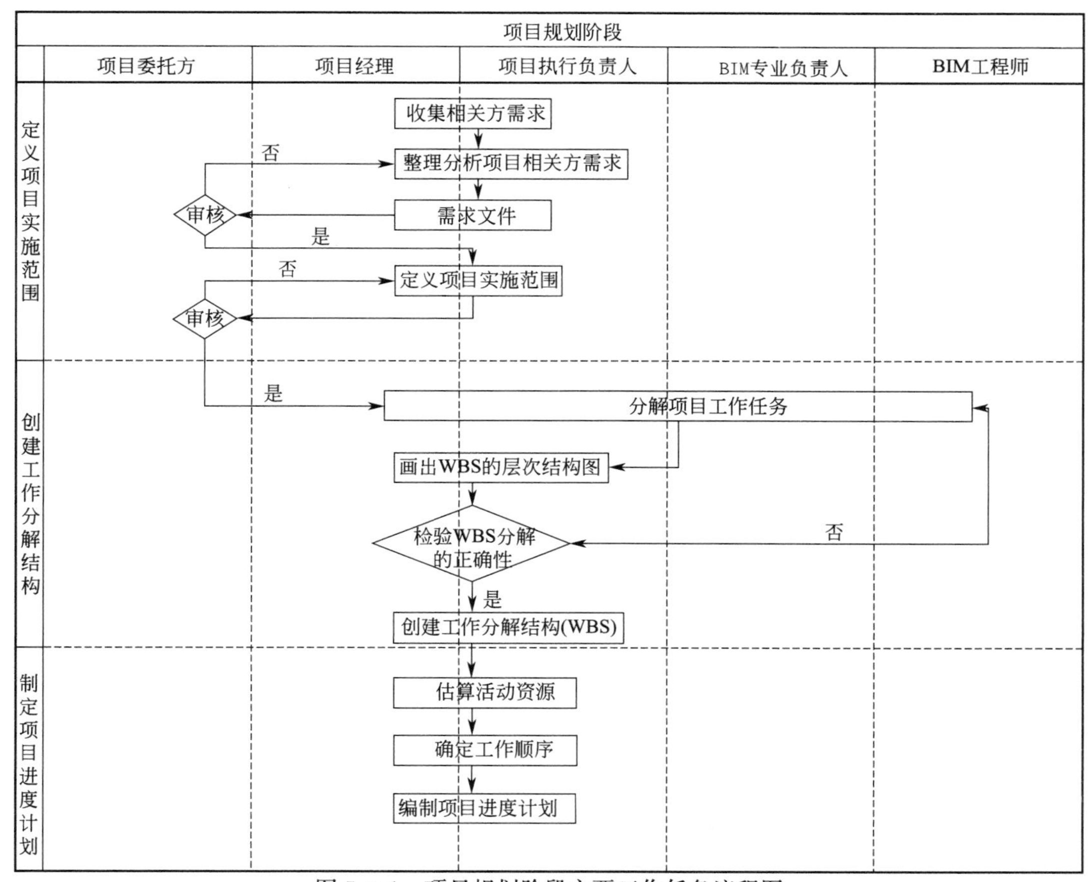

图 5.0-1　项目规划阶段主要工作任务流程图

5.1 定义项目实施范围

项目启动阶段制定的项目章程粗略地规定了项目的基本实施范围，是定义项目范围的基础。本阶段定义项目实施范围主要目的在于确定项目委托方的具体项目需求，识别并推荐能满足项目委托方需求的解决方案，同时收集、记录项目相关方的需求，使项目实施团队能进行更加详细的规划，以满足项目目标。

对于项目管理者而言，最重要的是正确、清楚地定义项目实施范围。若在项目正式执行前，项目实施范围界定不清、缺乏控制，会直接关系到项目工作内容的意外变更，造成项目实施过程中项目范围蔓延，导致项目失控、无法收尾等情况。

5.1.1 工作任务详解

（1）收集项目委托方需求

在BIM实施过程中经常会因需求不明确而导致返工或者范围蔓延。在定义项目实施范围前，还需进一步与项目委托方沟通，明确项目委托方的需求。

根据收集到的项目委托方需求，项目经理需要对项目需求进行分解和整理。此外，还应站在项目委托方角度思考潜在或特殊需求，以及BIM能为项目提供的其他服务，例如搭建项目管理平台、申报BIM技术应用示范项目、申报国家级及省部级BIM大赛，可有利于提高BIM服务的附加值及满意度。

（2）定义项目实施范围

基于收集、整理形成的需求文件，项目经理与项目委托方还应对需求文件中的内容和范围逐一沟通、确认。经沟通、确认达成共识后，由项目经理编制项目范围说明书，详细定义项目范围目标、描述项目范围、项目边界、项目的可交付物、项目交付标准等内容。

5.1.2 交付成果

（1）需求文件；

（2）项目范围说明书。

5.1.3 风险提示

（1）项目需求不明确时，在项目实施过程中可能会出现需求变更的情况，例如不断产生新的需求，导致返工。

（2）项目范围界定不清、缺乏控制，造成项目实施过程中项目范围蔓延，项目失控，无法收尾。

5.2 创建工作分解结构（WBS）

创建工作分解结构（Work Breakdown Structure，简称WBS）是以可交付成果为导向，将项目可交付物分成更小，更容易管理的单元，直到可交付物细分至足以用来支持未来的项目活动定义的工作包。分解得到的工作包，可为后续项目进度计划编制、人员分配、变更计划等提供基础，有助于项目管理者有效管理项目工作，项目实施团队成员确定项目工作内容。

WBS有多种不同的方法，主要包括模板法、自上而下方法、自下而上方法。

1）模板法：在组织过程资产中寻找类似的模板进行修改，提高工作效率。

2）自上而下：逐步将项目工作分解为下一级的多个子项目，是一个不断增加级数，细化工作任务的过程。自上而下法是创建WBS最常用的方法。

3）自下而上：需要项目实施团队成员从项目一开始就尽可能地确定项目相关的各项具体任务，然后再将各项任务进行整合，归纳到WBS的上一级中，逐步叠加，形成完整、全面的WBS。采用自下而上方法进行分解需要项目实施团队对该类项目具备丰富的经验，比较清楚项目各项任务。

5.2.1　工作任务详解

（1）确定项目工作分解方式

项目工作分解方式主要包括按项目应用点分解、按项目实施过程分解，具体项目工作分解方式由项目执行负责人根据项目类型、项目应用情况等确定。

（2）分解项目工作任务

分解项目工作任务通常由项目执行负责人主导，项目实施团队成员共同参与，对项目工作任务进行逐级分解。

在分解项目工作任务时，注意以下事项和原则：

1）一项任务只能在工作分解结构中出现一次。

2）工作分解结构中的每一项任务必须有且只有一个负责人，即使有多人参与。

3）尽量使项目实施团队全部成员都参与工作分解结构的制定。

4）工作分解结构并非一成不变，项目实施范围的变更会对它产生影响。

（3）画出WBS的层次结构图

WBS的层次结构图通常有两种表现形式：

1）分级树形的WBS结构。层次清晰、直观、结构性强，但不宜修改，适用于小型或简单的项目，不适用于大型、复杂的项目。

2）表格形式的WBS结构。能够反映项目所有的工作要素，但直观性差，适用于大型的、复杂的项目。

在画WBS的层次结构前，项目执行负责人可根据项目体量、复杂程度等因素选择适用于该项目的WBS结构表现形式，然后根据分解得到的工作任务逐级画出WBS的层次结构图。

BIM深化设计项目的WBS分解可参考图5.2-1。

（4）检验WBS分解的正确性

WBS分解项目检验的标准：

1）工作包是否有利于分配与跟踪；

2）任务完成的状态是否可验证；

3）任务所分配的时长是否利于管理与控制。

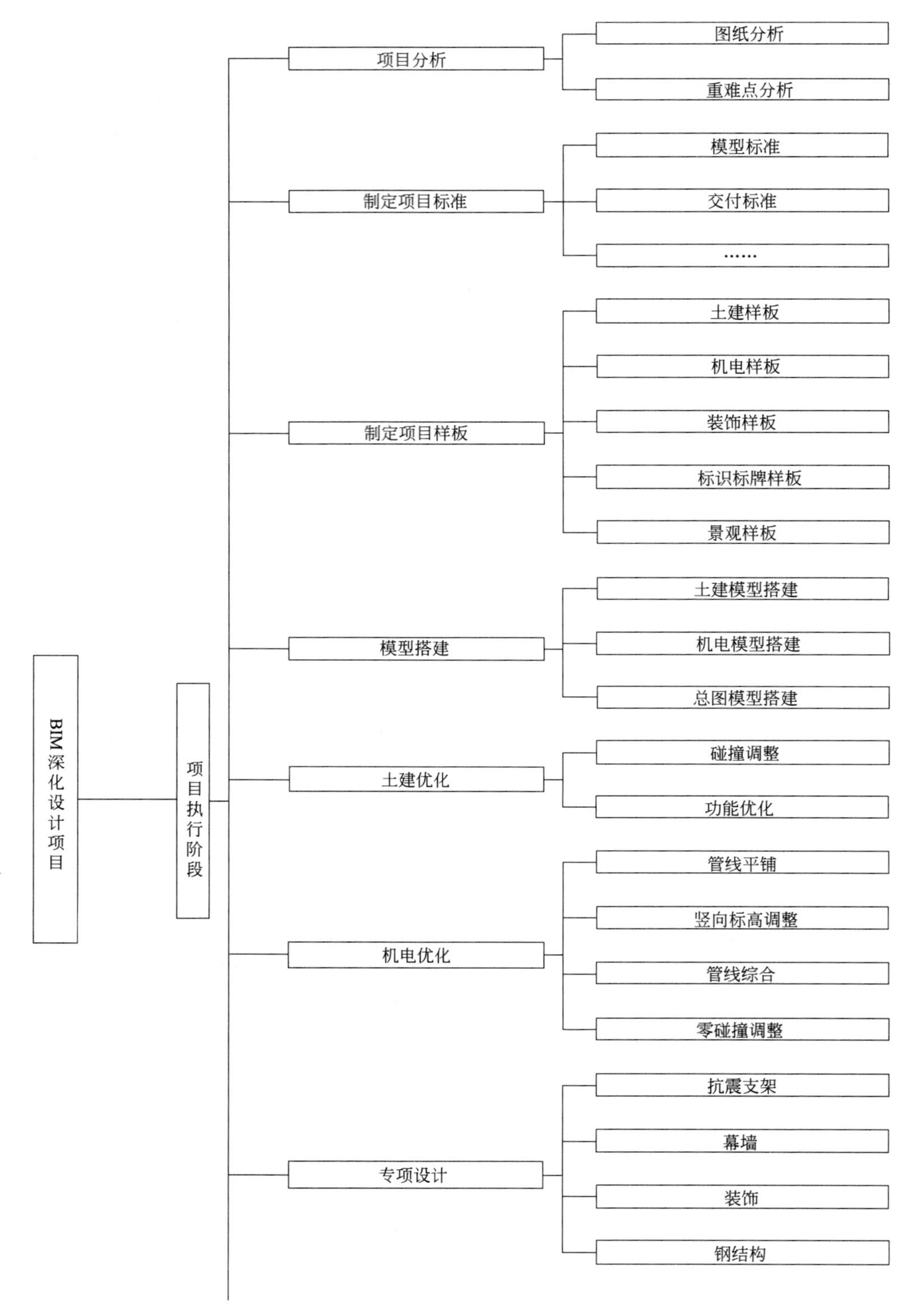

图 5.2-1　BIM 深化设计项目的 WBS 分解（一）

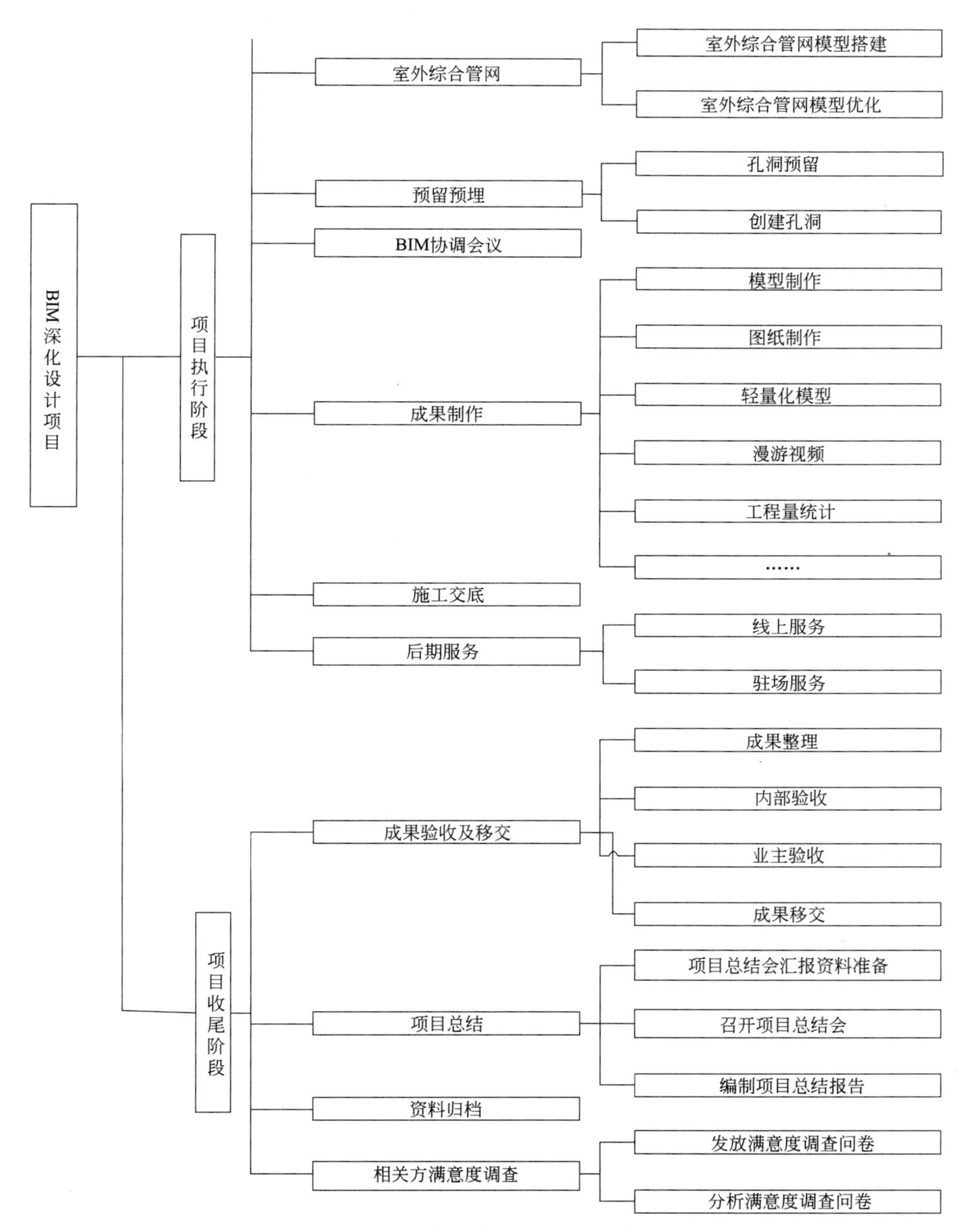

图 5.2-1　BIM 深化设计项目的 WBS 分解（二）

在项目分解完成后，项目执行负责人应根据 WBS 分解项目验证准则，逐项验证 WBS 分解的正确性，如果发现较低层次的工作任务没有必要时，应修改或删除。

（5）WBS 维护更新

随着其他计划活动的进行，在建立 WBS 后，还需要不断地对 WBS 更新或修正，以反映项目的动态运行变化。

5.2.2 交付成果

工作分解结构（WBS）。

5.2.3 风险提示

（1）为了便于管理和操作，WBS中每一项工作任务不应过长，一般不超过2周。
（2）为了使项目顺利、成功地完成，必须逐级逐层分解项目工作任务。

5.3 制定项目进度计划

项目进度计划是项目管理的主线，贯穿项目实施全过程。项目进度计划包括每一个具体工作任务的计划开始日期和预期完成日期以及每一项工作任务的负责人。根据创建的工作分解结构，对各工作包（工作包是项目分解结构最底层的工作单元，是分解结果的最小单元）分配对应的人员和时间，编制形成项目进度计划，项目进度计划编制流程如图5.3-1所示。项目进度计划直观地显示项目工作计划进程，便于项目经理、项目执行负责人、各专业负责人对每一项工作任务的管控，评估工作进度。

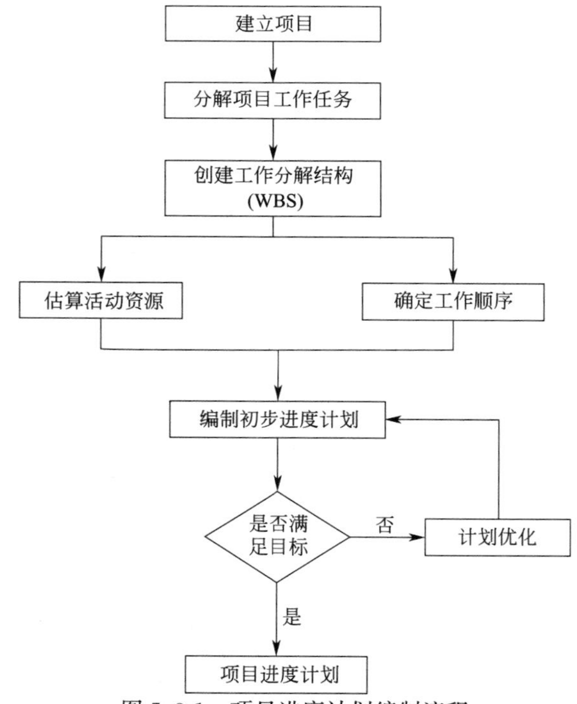

图5.3-1 项目进度计划编制流程

5.3.1 工作任务详解

（1）估算活动资源
估算活动资源通常采用自下而上的估算方式，从项目最低级别的任务——工作包开始估算，首先估算每个工作包的工时和人员，然后按照WBS的架构逐级逐层计算。估算活动资源对项目经理和项目执行负责人要求较高，需要有足够的项目经验，并且对该项目有足够的了解。

（2）确定工作顺序

在项目执行过程中，不同工作任务开展先后顺序不同，在确定必须要做的工作以及各项工作需要的时间后，还要确定各项工作的先后顺序，使项目进度计划真实反映项目执行过程的情况。

对于BIM深化设计项目，不同工作任务顺序不同。根据前期项目实践，梳理了常见的工作任务先后顺序，以供参考，具体如下：

1）BIM项目标准制定；

2）项目样板制定；

3）模型搭建（土建、机电模型搭建建议同步进行）；

4）模型整合；

5）碰撞检测；

6）一次深化（土建深化、机电深化可同步进行）；

7）专项深化（幕墙、钢结构、装饰等专项深化同步进行）；

8）二次深化。

（3）编制项目进度计划

根据WBS、项目里程碑节点、活动资源估算、工作顺序等数据，采用Project、Excel以及其他项目进度计划软件编制项目进度计划。为了便于对项目进度的管理，编制项目进度计划时，通常以月度、旬或周为单位编制，在必要时以天为单位编制。此外还应考虑到各种风险的存在，使进度留有余地，具有一定的弹性。以便在进度控制时，可利用这些弹性，缩短工作持续时间，或改变工作之间的搭接关系，确保项目工期目标的实现。

5.3.2　交付成果

项目进度计划（详见附录4）。

5.3.3　风险提示

（1）项目进度计划制定要合理，工作安排紧凑的情况下有一定的弹性时间，以防实施过程中由于突发事件的处理造成实施进度拖延、成果未能按期交付等问题。

（2）一个WBS项只能有一个责任人，即使多个成员参与，也只能由一个人负责，其他成员只能是参与者和配合者。

（3）不同任务会有不同的先后顺序，在进度计划制定时项目经理和项目执行负责人要学会辨别潜在的逻辑顺序。

第6章　项目执行阶段

在项目实施范围和项目目标均明确后，可根据项目规划阶段制定的项目进度计划开展项目执行工作。项目执行阶段是整个项目最重要、周期最长的环节，是项目实施团队成员按照一定规则及流程进行项目实施的过程。为了高效、高质量的执行项目工作任务，本章主要根据项目实施进程，对几个重点环节进行梳理总结，分别是项目分析、制定项目标准、项目样板制定、模型搭建、土建深化、一次机电深化、专项深化、二次机电深化、室外综合管网深化、预留预埋深化、BIM协调会议、成果制作、施工交底、后期服务。

在项目执行前期准备阶段主要根据项目特点、项目委托方需求，定制化指导项目实施全过程的项目标准、项目样板。此过程首先需对项目重难点及解决方案进行分析制定，便于项目实施团队成员顺利开展项目实施工作；其次基于项目分析结果，制定适用于该项目的项目标准、项目样板，项目样板作为项目标准的载体，为整个项目BIM技术应用提供统一的平台，便于专业内、专业间模型传递与共享。

待项目执行前期准备工作完成，即可进行后续项目执行工作，主要包括模型搭建、土建深化、一次机电深化、专项深化、二次机电深化、室外综合管网深化、预留预埋深化等。基于各专业项目样板和项目委托方提资图纸，搭建土建、机电、钢结构、装饰等模型，并在模型搭建完成的基础上，进行一次深化、专项深化、二次深化等。在各深化节点调整过程中，通常会召开BIM协调会议以解决遗留、难度大、待项目委托方敲定的问题，各相关方基于会议决策修改相应图纸，BIM实施团队将各专业修改内容体现在三维模型中，复核合理性和可实施性，直至满足相关方要求和项目委托方交付条件。

当BIM模型满足可交付要求后，进入项目执行后期，主要包括成果制作、施工交底、后期服务等工作。此过程主要是对项目交付成果进行制作，以满足项目成果交付要求。此外BIM团队还需对项目成果与施工人员进行施工交底，使其明白BIM设计意图，明确各专业施工工序，有利于更好地开展项目施工作业。有时对于大型复杂项目，项目委托方也会要求BIM团队配合项目施工作业，直至BIM服务范围内的施工工序全部完成。

本阶段的主要工作任务流程如图6.0-1所示。

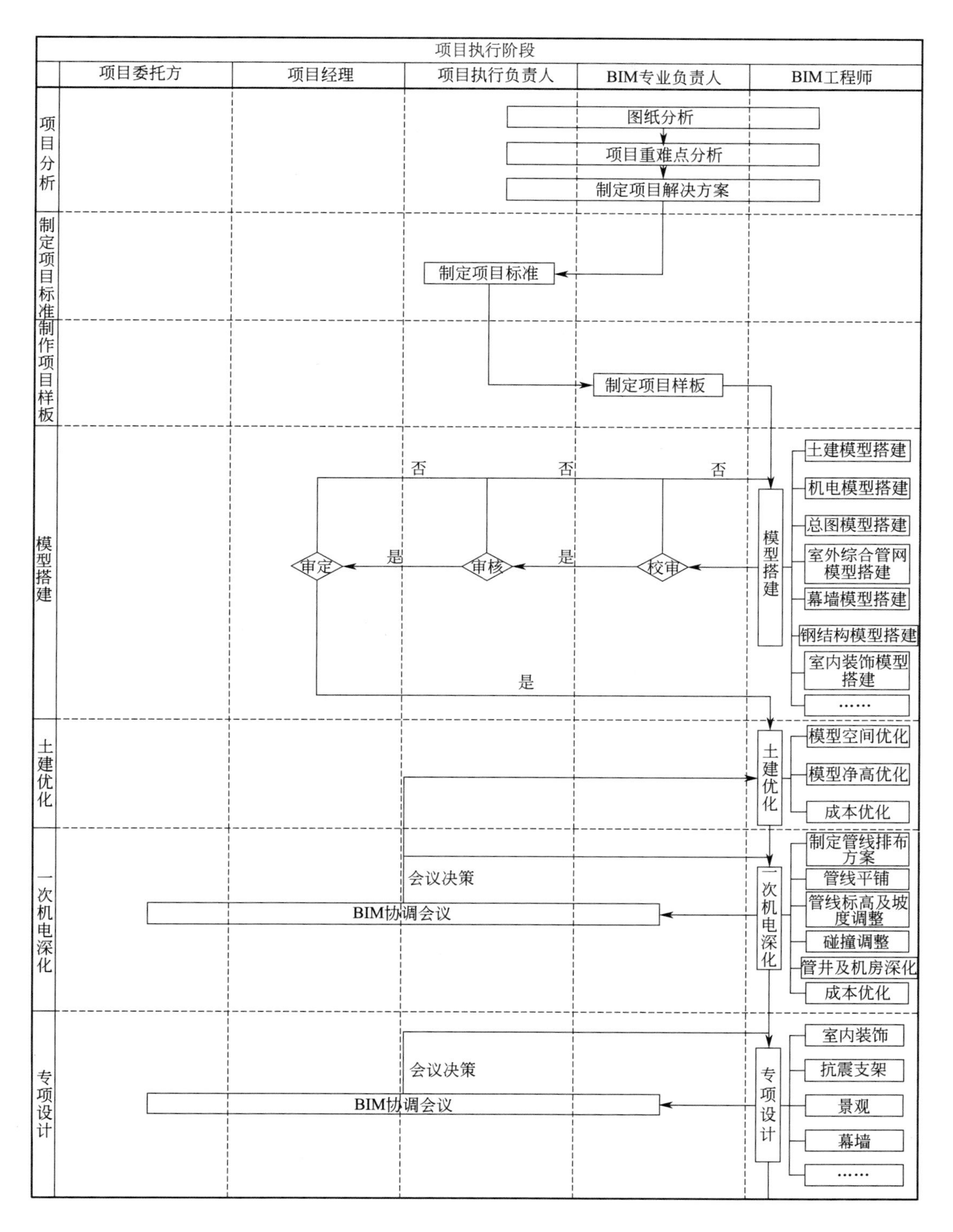

图 6.0-1　项目执行阶段主要工作任务流程图（一）

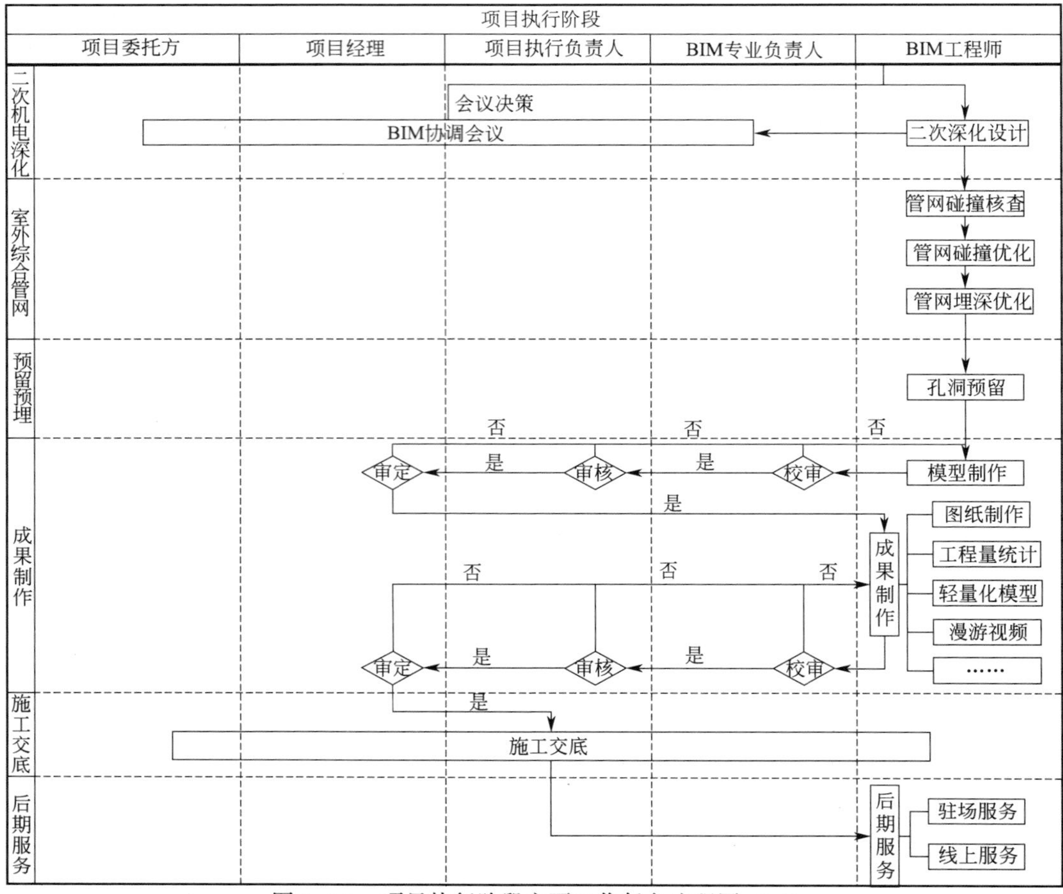

图 6.0-1　项目执行阶段主要工作任务流程图（二）

6.1　项目分析

在项目正式执行前，通常需要对提资的图纸进行归纳、整理、校核，确保项目委托方提资的正确性、完整性；其次还应对图纸进行分析，梳理项目重难点，并针对重难点，制定对应的解决方案，以帮助项目实施团队成员顺利开展工作，提高项目实施效率。

6.1.1　工作任务详解

（1）图纸分析

根据项目委托方提资，由项目执行负责人组织本项目实施团队成员对应检查图纸的完整性和准确性。经前期项目实践，本书梳理出土建和机电专业图纸的检查要点以供参考，如表 6.1-1 所示。

图纸检查要点　　　　**表 6.1-1**

专业	图纸检查要点
土建专业	1. 各专业图纸完整情况核查。 2. 设计说明、平面、立面、剖面是否一致。

续表

专业	图纸检查要点
土建专业	3. 建筑图与民用结构图、人防结构图是否一致。 4. 核心筒过梁尺寸标注是否在墙柱图中标注。 5. 结构平面布置图与详图是否一致。 6. 墙、梁、柱尺寸标注是否完善。 7. 过梁是否在图纸上体现。 8. 建筑和结构标高是否一致。 9. 多栋单体轴网，与总图轴网是否对应。 10. 建筑与结构图中升、降板区域表达是否一致，标注(说明)是否完善。 11. 门、窗、百叶编号是否完善。 12. 升、降板区域梁、板、柱搭接是否完善(如：主梁悬空，次梁梁底低于主梁等)。 13. 设备基础定位、标高是否完善。 14. 电梯基坑尺寸、标高标注是否完善。 15. 施工缝、沉降缝、伸缩缝等信息是否完善。 16. 消防取水口和室外消火栓尺寸、位置、接管位置是否准确。 17. 变压器等设施尺寸、位置是否准确。 18. 各类道路宽度、走向、承重量是否准确
机电专业	1. 各专业建筑底图是否与建筑专业平面图一致。 2. 各平面、大样及系统图是否一致。 3. 图纸图面标注、注释是否完善。 4. 机房、卫生间、风井等详图是否完善，详图与平面图是否一致。 5. 结构预留洞与机电各专业预留洞尺寸、位置、标高、功能是否一致。 6. 各系统管线和设备尺寸、设备信息在平面图中是否完善。 7. 专业图纸轴线、比例应与建筑、结构平面保持一致，且应有室内外地面标高、房间名称等。 8. 管线附件及设备的图例是否清楚，设备材料表须列出设备及材料的规格、型号、数量、具体技术要求等

(2) 项目重难点分析

由于不同项目类型及项目委托方的不同关注点，在分析过程中，应根据项目类型，结合项目委托方需求，对项目技术重难点进行梳理，制定适用于该项目的解决方案。本书梳理出住宅、商业综合体项目常出现的重点问题及解决方案，详见附录 5“项目重难点分析”。

6.1.2　交付成果

由项目执行负责人完成项目分析问题报告的整理，详见附录 6“问题报告”。

6.1.3　风险提示

(1) 当项目为斜板异形建筑、商业综合体、医疗建筑等时，会增加项目深化难度，需合理安排项目实施时间。

(2) 图纸分析过程中，仔细检查图面表达是否完全，若有遗漏应及时记录在问题报告中，由项目执行负责人向项目委托方反馈，避免因提资影响项目实施进程。

6.2　项目标准制定

由于不同项目之间具有差异性，而同一 BIM 标准存在不适用于该项目的情况。考虑到项目独特性，项目执行负责人应基于 BIM 团队标准，结合项目委托方需求，制定适用于该项目的 BIM 标准，以满足模型审查、项目委托方要求。

6.2.1 工作任务详解

项目标准至少应包括以下内容：

（1）软件版本，确定将要使用的 BIM 软件和版本，保证软件使用一致；

（2）模型标准，确定模型颜色、命名、深度、拆分及整合等内容；

（3）深化设计原则，确定项目土建、机电以及专项深化设计的原则；

（4）验收标准，根据合同和项目委托方要求，拟定的项目验收标准；

（5）交付标准，确定交付内容及交付格式。

通常项目执行负责人需要基于团队 BIM 标准，与项目委托方明确 BIM 软件应用、模型深度、深化设计要求（包括安装空间、放线空间、检修空间、净高要求等），定制化项目标准。

6.2.2 交付成果

由项目执行负责人完成该项目的“项目标准”整理。

6.2.3 风险提示

（1）模型相关标准应严格按照国家、地方标准执行，以满足模型审查。

（2）对于项目委托方有特定要求时，“项目标准”应按照项目委托方需求制定。

6.3 项目样板制定

在模型搭建前，BIM 数据库中的样板文件往往不能直接利用，需要结合项目的自身特点及项目委托方需求，对基础样板进行修改和优化，制定适用于该项目的样板文件，满足项目的差异化要求。

6.3.1 工作任务详解

Revit 样板文件是项目建模的基础资源之一，在模型搭建前项目执行负责人应该与项目委托方确认是否提供项目样板文件，若项目委托方不提供，则由项目执行负责人组织项目实施团队各专业负责人统一制作。

样板文件宜按专业进行分类制定，每个专业的样板文件建议包括项目单位、文字设置、项目浏览器、视图样板等内容，具体如表 6.3-1 所示。

样板文件内容 **表 6.3-1**

序号	样板文件内容	序号	样板文件内容
1	项目单位设置	7	项目浏览器组织设置
2	文字设置	8	视图样板设置
3	轴线、轴号、尺寸标注样式设置	9	过滤器设置
4	线型、图案样式设置	10	族及相关参数添加
5	标记样式设置	11	加载项目共享参数文件
6	颜色、材质设置	12	封面与图框、明细表设置

(1) 样板文件——项目单位

项目中所有构件长度、面积、体积、坡度等均应使用统一的度量单位，项目单位的设置应在各专业的项目样板文件中进行，以保障所有设计项目模型参数上的统一性、精确性及后期出图的美观性。

1) 项目单位规定

公共规程下单位包括长度、面积、体积、角度、坡度、货币、质量密度，格式设置分别为：

①长度：默认单位为毫米（mm），带 0 个小数位，在此处，“单位符号”存在“无”或“mm”两种情况，在尺寸标注时，将会出现如图 6.3-1、图 6.3-2 所示情况；

②面积：默认单位为平方米（m^2），带 2 个小数位；

③体积：默认单位为立方米（m^3），带 2 个小数位；

④角度：默认单位为度（°），带 0 个小数位；

⑤坡度：默认单位为百分比（%），带 1 个小数位；

⑥货币：默认单位为（$），带 1 个小数位；

⑦质量密度：默认单位为千克/立方米（kg/m^3），带 2 个小数位。

其他规程下的单位，根据专业需要，参照以上方法进行设置。

图 6.3-1　“单位符号”为“无”　　图 6.3-2　“单位符号”为“mm”

2) 二维输入/输出文件应遵循工程图规定的单位与度量制：

1DWG 单位＝1mm，各专业平面、立面、剖面、详图。

1DWG 单位＝1m，与项目坐标系相关的场地、市政模型和室外管线等。

链接 CAD 图纸时注意默认单位的选择，通常除场地图纸选择“m”以外，其余图纸都以“mm”为单位。

3) 其他专业的度量单位，按专业需求在专业样板文件中进行设置，通常情况下采用 Revit 默认设置。

(2) 样板文件——文字、尺寸标注样式

1) Revit 中文字的字体、大小、宽度系数直接影响其可视化效果。在二维制图中，《房屋建筑制图统一标准》GB/T 50001—2017 等规范对文字有相应的规定。在 Revit 中，为使各专业模型导出的二维图纸符合二维制图标准、规范，需要对文字字体、字高、宽度系数等参数进行统一设置。

2) 在项目样板中，合理设置尺寸标注的属性，便于项目实施团队成员快捷选择统一的尺寸标注。注意尺寸标注界线长度应统一，颜色明显，外观整齐，减少对设计图元和建筑底图的遮挡。

（3）样板文件——线型图案、填充样式

1）线型图案可以指定 Revit 中使用的“线样式”“对象样式”的线型图案。“线样式”是保证图线图元外观的关键，主要用于详图线和模型线。“对象样式”工具对项目中不同类别的模型对象、注释对象和导入对象的线型、线宽、材质进行设置。对象样式的设置在样板文件中非常重要，直接影响各专业的出图效果及质量。若项目委托方无特殊要求，则按照团队 BIM 模型标准执行，委托方有特殊需求，项目实施团队成员需按照要求对其进行新建或修改。

2）填充样式可控制图形外观。填充样式工具可创建或修改绘图填充和模型填充图案，也可以直接利用 CAD 中的填充样式。设置填充样式，可便于在“材质”中选择需要的填充图案。在 BIM 设计和出图过程中，通常会对某些图元进行填充，为了统一填充形式，需要在样板中对其进行控制，但须注意：

①柱、梁的截面填充图案的设置由“材质”来控制，与模型显示的“详细程度”无关，具体如图 6.3-3 所示。

②板、墙的截面填充图案与模型的“详细程度”有关，当“详细程度”为粗略时，显示为“类型属性”中“图形”的填充图案，“材质”中截面填充图案失效。具体如图 6.3-3～图 6.3-6 所示。

（4）样板文件——标记族样式

标记族样式是图纸制作和输出过程中的一项关键工作。一般情况下，Revit 中提供的标记族不能完全满足项目需求。为了使 BIM 设计图元参数能够清晰地传递，需要在样板文件中统一添加满足各专业需求的标记族，如门窗标记、房间标记、设备标记、水管标记、风管标记、桥架标记等类型，以保障图纸的规范及美观。标记族类型具体见表 6.3-2。

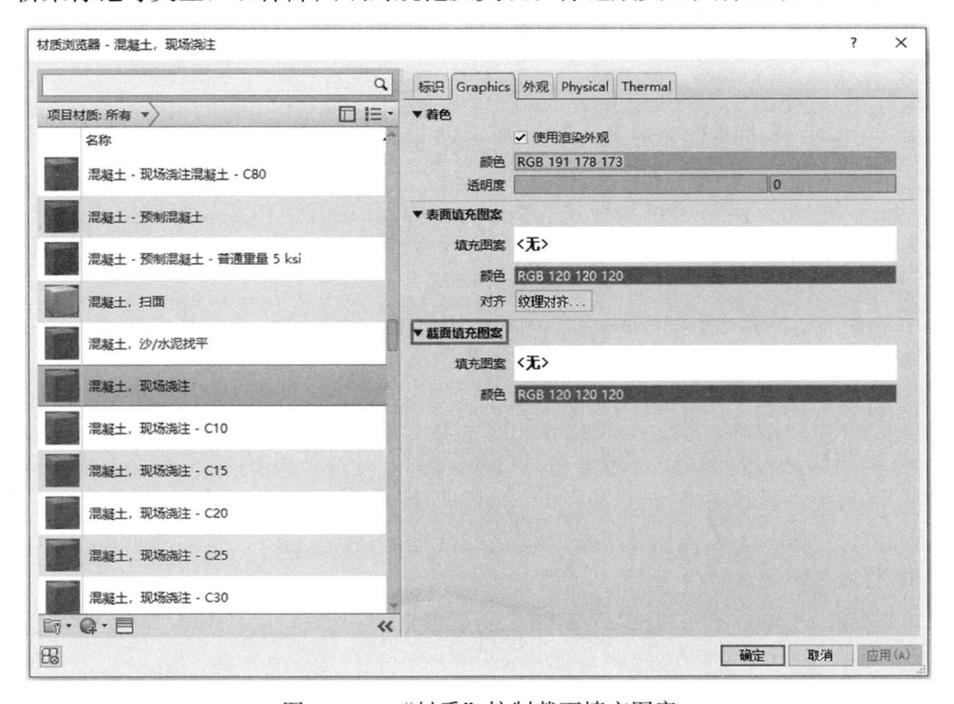

图 6.3-3　“材质”控制截面填充图案

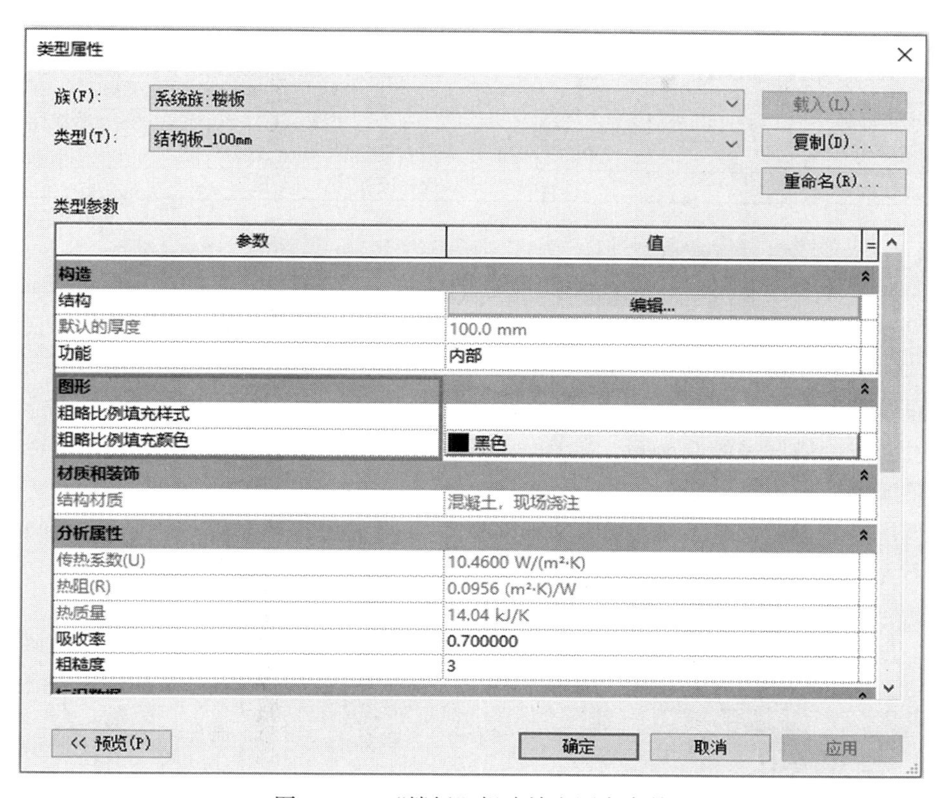

图 6.3-4　“楼板”粗略填充图案参数

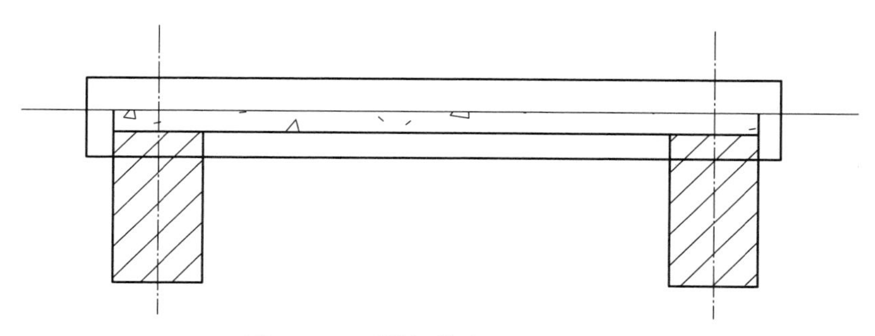

图 6.3-5　“精细模式”下楼板填充

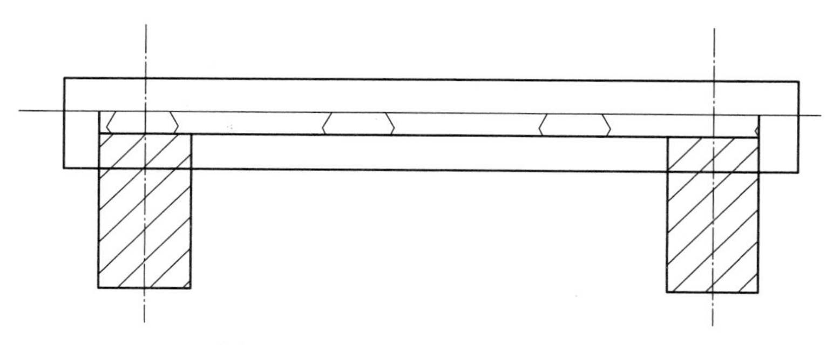

图 6.3-6　“粗略模式”下楼板填充

标记族类型 **表 6.3-2**

<table>
<tr><th colspan="3">标记族类型</th></tr>
<tr><td rowspan="2">机电专业标记族</td><td>管综
（类型注释＋管线尺寸）</td><td>单专业平面
（类型注释＋管线尺寸＋管线标高）</td></tr>
<tr><td colspan="2">设备标记、风管标记、桥架标记、管道标记</td></tr>
<tr><td>土建专业标记族</td><td colspan="2">结构柱、梁、板标记、门窗标记、房间标记</td></tr>
</table>

（5）样板文件——专业配色

在样板文件中，需要对一些图元的颜色进行统一设置，以满足国家及地方标准。建筑、结构专业模型的构件颜色应按照项目实际需求设定，机电专业模型应按系统进行颜色区分，具体颜色设置可根据项目 BIM 模型标准进行设置。

在样板设置中，对于风管和水管常通过新建系统类型选择材质控制，而桥架与其不同，通过创建过滤器来控制颜色，如图 6.3-7 所示。材质的设置在各项目中的要求不同，可先按照国家或地方标准设置一个基本颜色，后期根据不同项目的需求自行建立或修改。注意，当使用的材质不是系统自带的材质时，需要将材质打包发送，且路径相同时才能避免材质丢失。

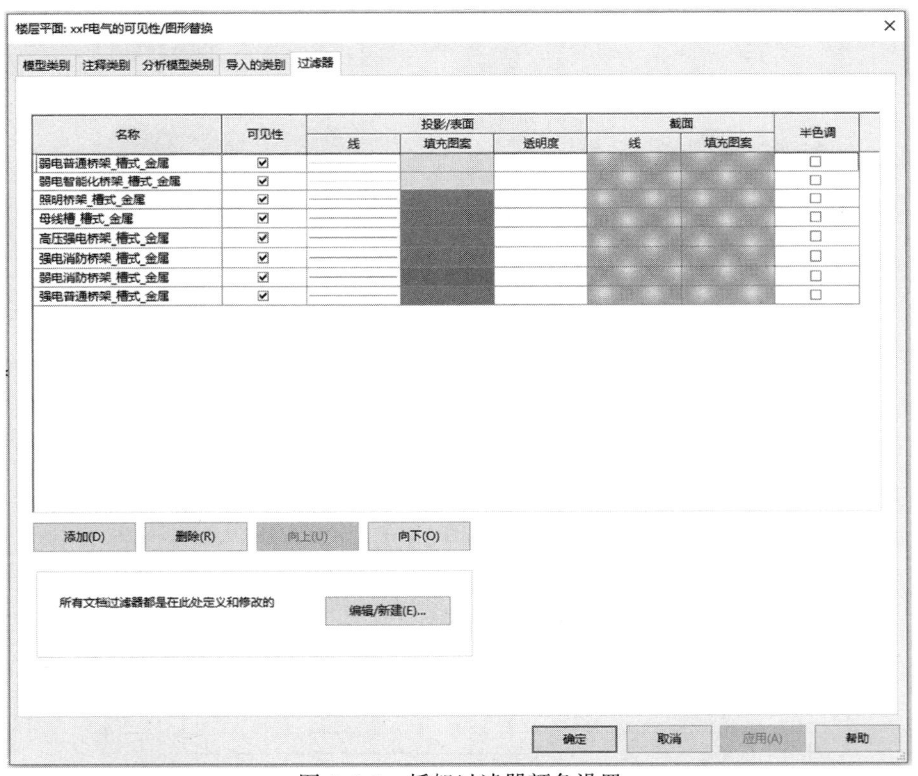

图 6.3-7　桥架过滤器颜色设置

（6）样板文件——项目浏览器组织

对 BIM 工程师来说，项目浏览器组织尤为重要，在样板中设置合理的浏览器组织能够帮助 BIM 工程师合理选择和查看不同的模型视图，也便于其他相关方快捷地查看、审核 BIM 成果。

项目浏览器组织可以根据项目实际需求，制定各专业项目浏览器组织架构，建议至少包括工作视图、审查视图、出图视图三个板块。以机电专业项目浏览器组织为例，浏览器组织分为设计、审查、出图三个板块，如图 6.3-8 所示。这样既可以便于各专业协同工作，也方便项目管理者及相关方对 BIM 模型进行查看和审查。

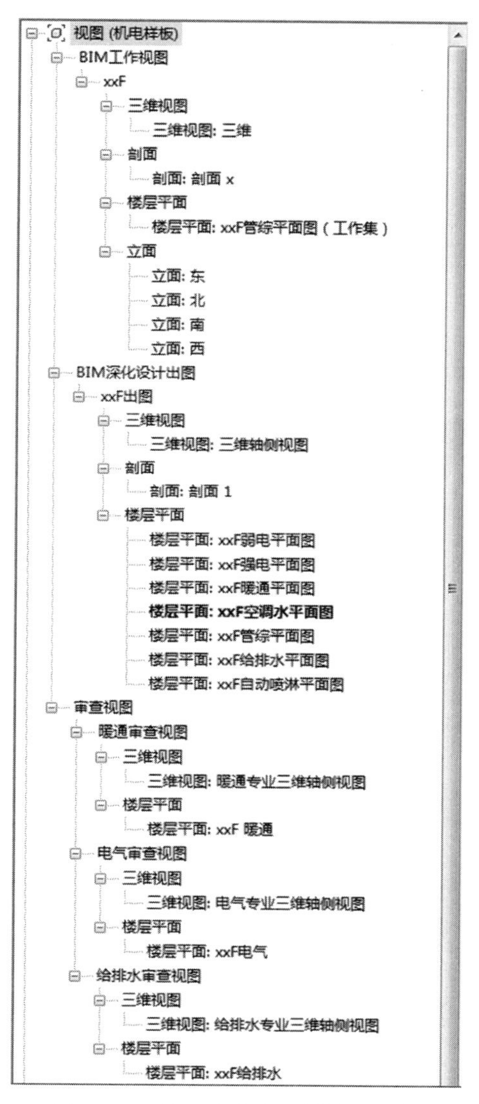

图 6.3-8　机电专业项目浏览器组织

（7）样板文件——视图样板

视图样板是一系列视图属性（例如视图比例、规程、详细程度以及可见性设置等）的集合。通过应用设定好的视图样板，可使项目中各专业视图的表达标准化，同时也能避免 BIM 实施成员差异性的标准和重复工作，有利于提高 BIM 工作效率。

1）视图样板的使用

一个项目中至少需要一个或多个视图样板，当需要用到同一个视图样板时，可以通过创建视图样板的方式，将样板应用到其他视图中，方便快捷地实现对视图的统一控制，如图 6.3-9、图 6.3-10 所示。

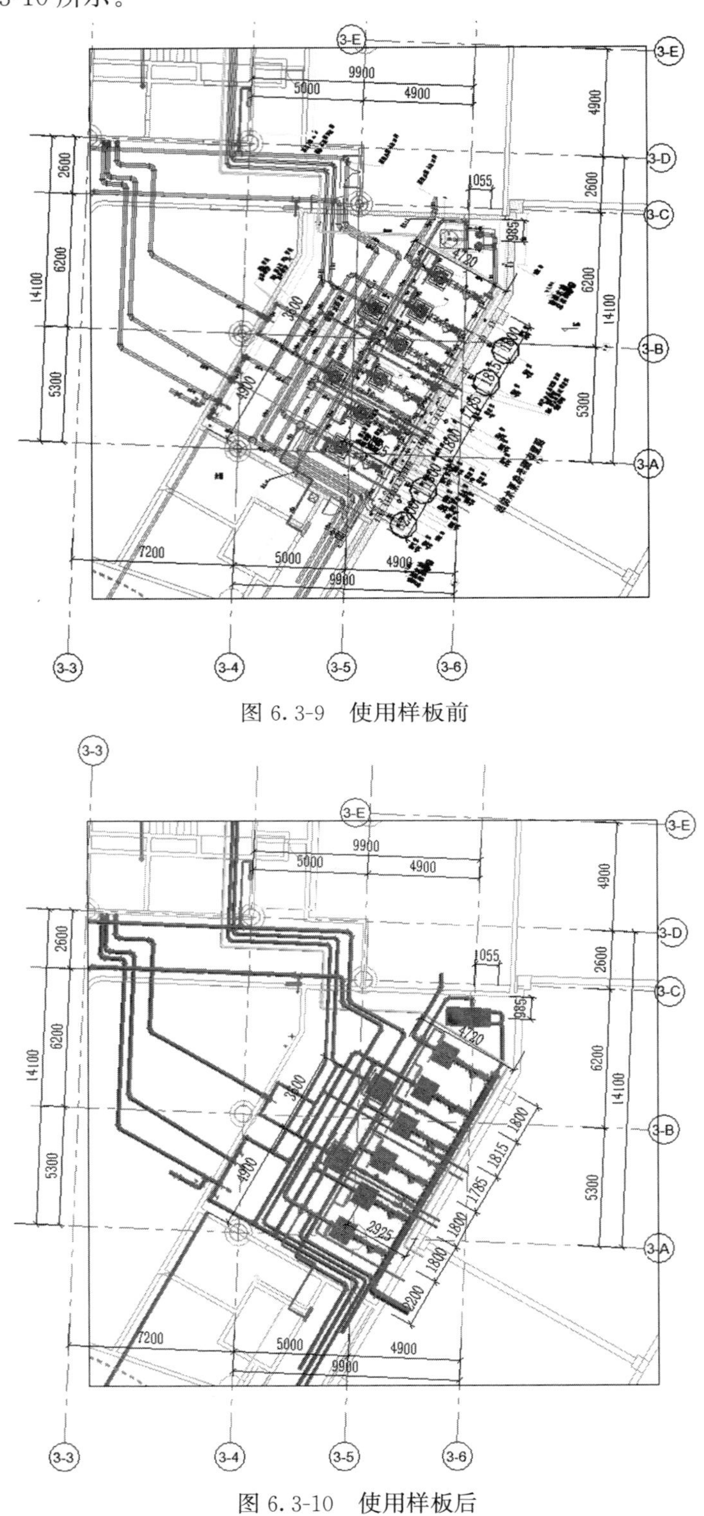

图 6.3-9　使用样板前

图 6.3-10　使用样板后

2）临时视图样板的使用

临时视图样板工具可以帮助检测样板设置是否完善，检测完毕后还可以将视图恢复到使用前的状态，而如果直接应用视图样板后，除了使用返回命令我们很难再调回原来的显示状态。

另外，临时应用属性下，“可见性/图形”快捷键（vv）及显示设置均可以使用，调整完毕之后可以将此视图另存为视图样板，以完成对视图样板的更新，如图 6.3-11、图 6.3-12 所示。

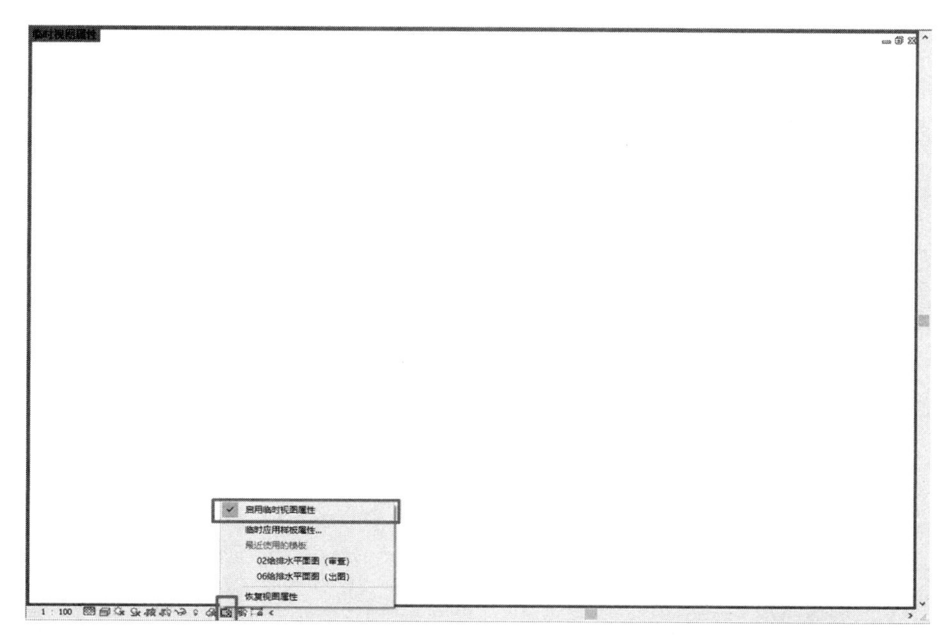

图 6.3-11　“临时样板”工具

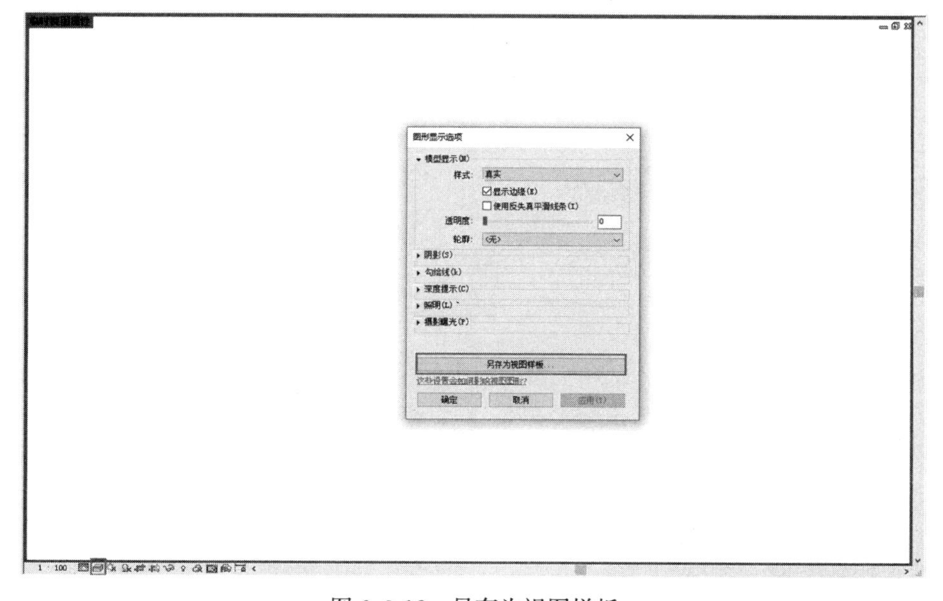

图 6.3-12　另存为视图样板

（8）样板文件——过滤器

在 Revit 中，图元类型较多，可以利用过滤器设置功能达到不同的选择需求，如在样板中创建过滤器可以实现对图元可见性的整体控制。对于构件在视图中的可见性通常有三种控制方式：一是选中构件直接隐藏（隐藏图元和隐藏类别）；二是基于规则创建过滤器；三是基于选择创建过滤器。本节主要介绍后两者的创建经验。

1）基于规则创建过滤器

通过定义系统类型、系统缩写、族名称等规则创建过滤器，实现该系统或族构件可见性的统一控制，避免出图时重复工作，提高设计效率。以“水－室内消火栓系统”为例创建过滤器，如图 6.3-13～图 6.3-15 所示。

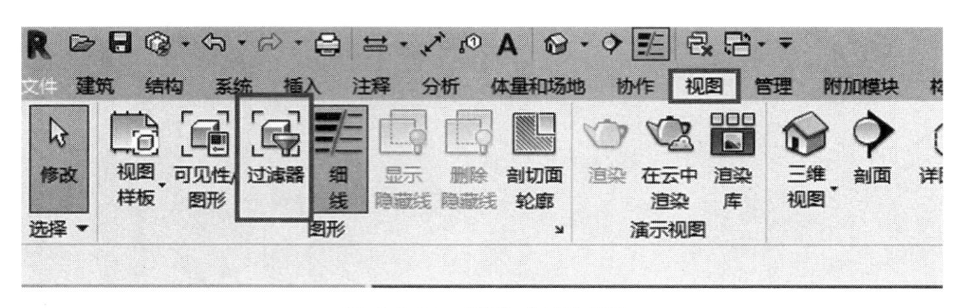

图 6.3-13　新建“过滤器”

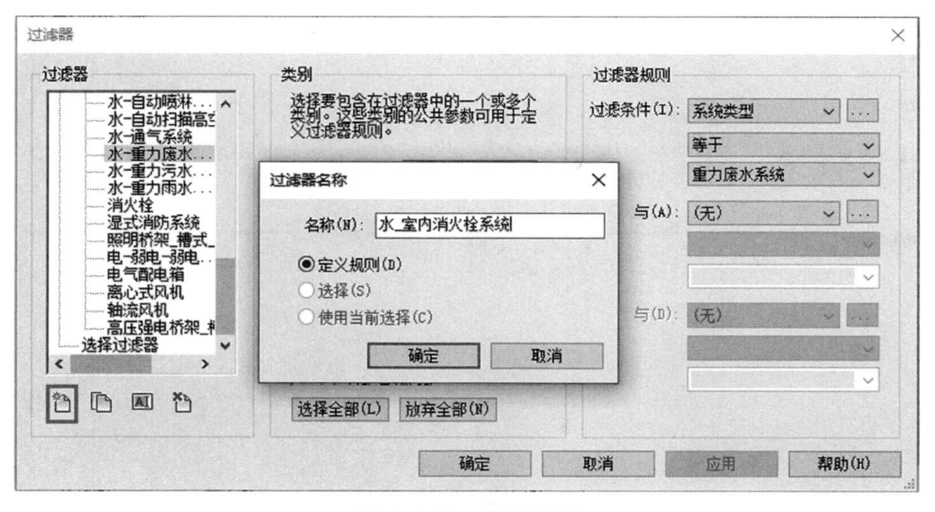

图 6.3-14　新建系统

2）基于选择创建过滤器

在项目实施过程中，项目实施团队成员可以通过特定规则创建过滤器，如果某些图元不具备相同属性，就可以通过选择创建过滤器，实现对图元的统一控制，如图 6.3-16～图 6.3-20 所示。

（9）样板文件——族及族参数添加

考虑到样板文件使用场景（深化设计、行政审查）的多样性，样板中的族尽量规范合理，建议使用“住房和城乡建设产品 BIM 大型数据库”中的族文件。针对机械设备建议添加族参数，以体现设备的非几何信息，其中族参数可通过类型参数、实例参数、报告参数、共享参数等方式添加。

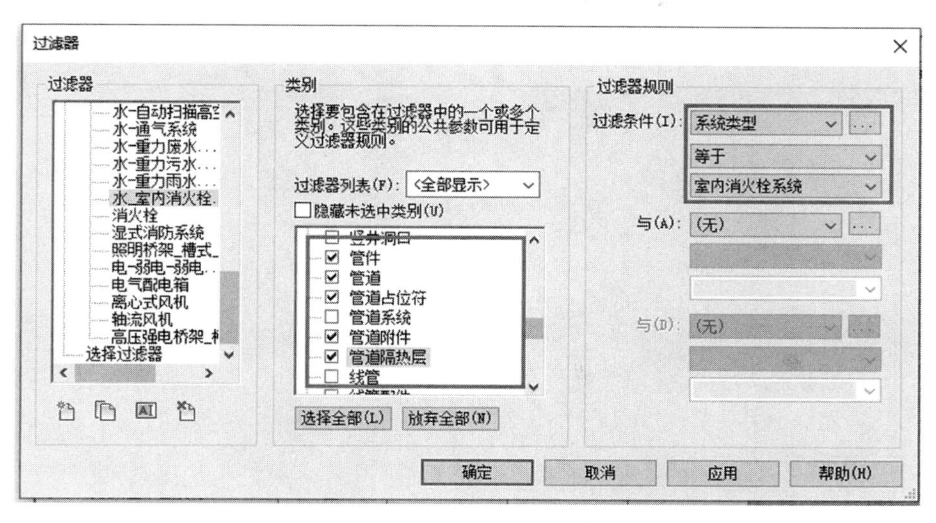

图 6.3-15　图元类别及规则设置

图 6.3-16　“编辑”选项

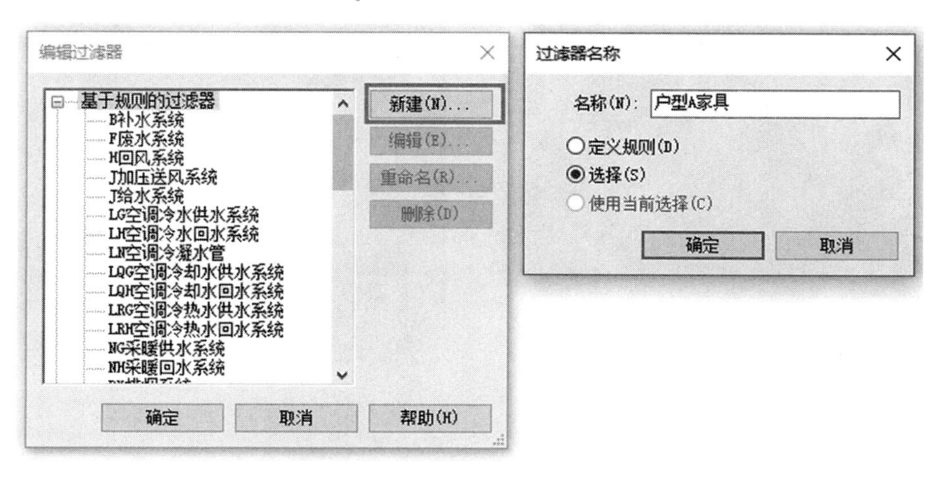

图 6.3-17　新建“选择过滤器”

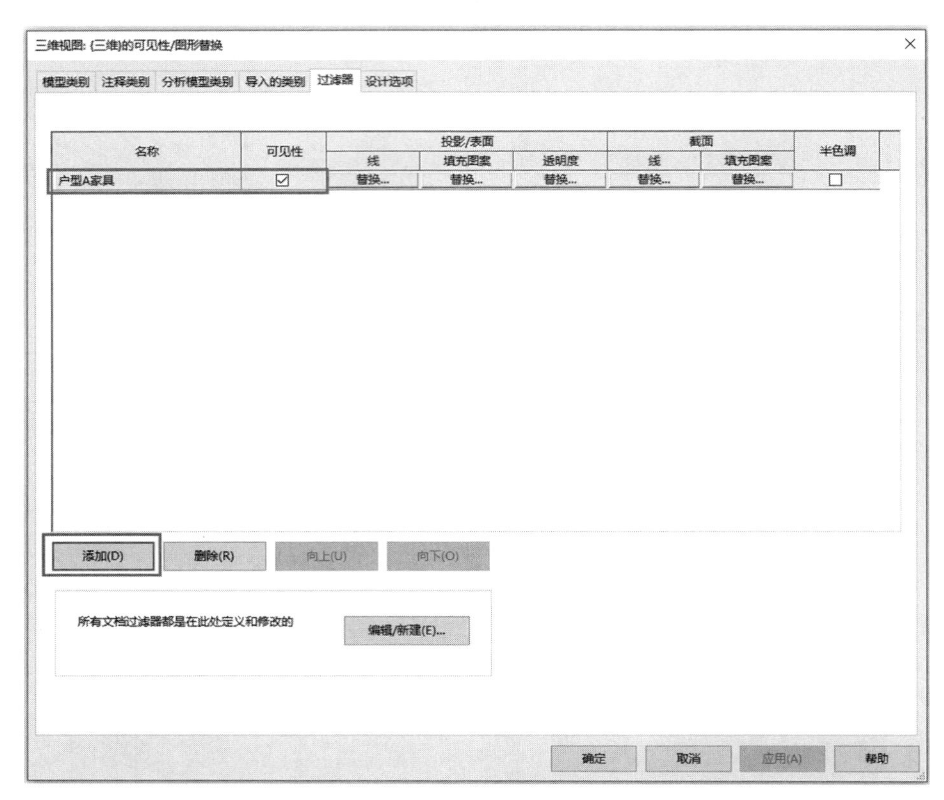

图 6.3-18　添加过滤器

图 6.3-19　控制前

图 6.3-20　控制后

（10）样板文件——加载项目共享参数文件

Revit 中的模型构件均带有信息，当信息不满足要求时，可自行在族定义中添加参数信息，但添加的参数仅影响当前族，若需对模型中的某一类别族添加参数时，例如对所有灯具添加照度信息，可通过共享参数实现，共享参数能达到多个项目间共享的目的。当共享参数新建完成后，需要在项目参数中将新建的参数添加进项目中，才能进行参数控制。

注意，在斜板项目中，不能直接通过识别标高来对管线标高进行标记，需要创建对应管线共享参数来控制标高数据（图 6.3-21、图 6.3-22）。

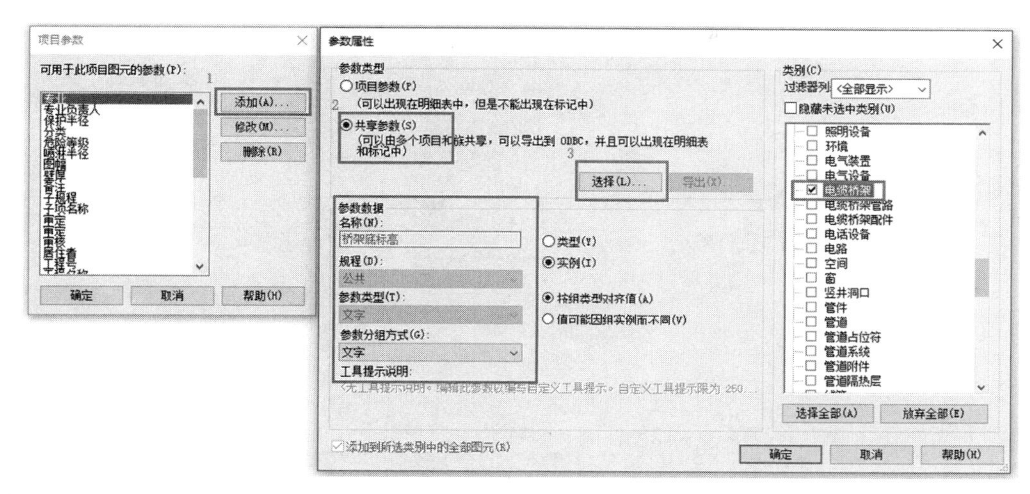

图 6.3-21　映射共享参数

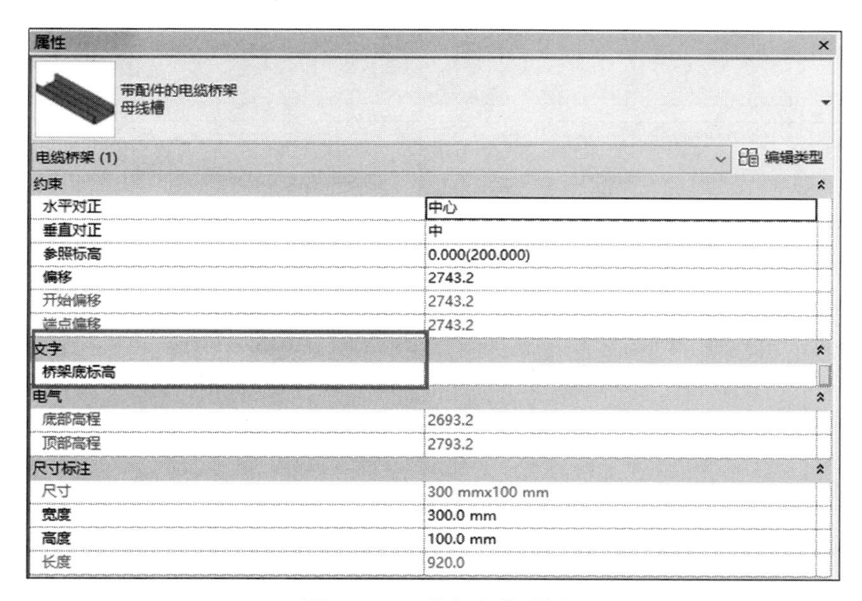

图 6.3-22　共享参数示例

（11）样板文件——封面与图框、明细表

1）封面与图框

BIM 深化设计完成后，输出图纸时需要用到标准的封面与图框，而 Revit 中提供的图框族并不能满足项目委托方对图框尺寸、图签信息的交付要求，因此需要按照 BIM 团队的标准及项目需求进行制定。

对于某些特殊项目需根据图纸重新制定图框时，若平、立、剖图框尺寸不同时，运用样板的自带图框进行删改的方式较烦琐，此时可以利用已有的二维图纸，添加参数和创建标题栏详图组，完成图框的参数化，在输出不同的图纸时，直接通过修改尺寸参数有利于提高工作效率。如图 6.3-23、图 6.3-24 所示。

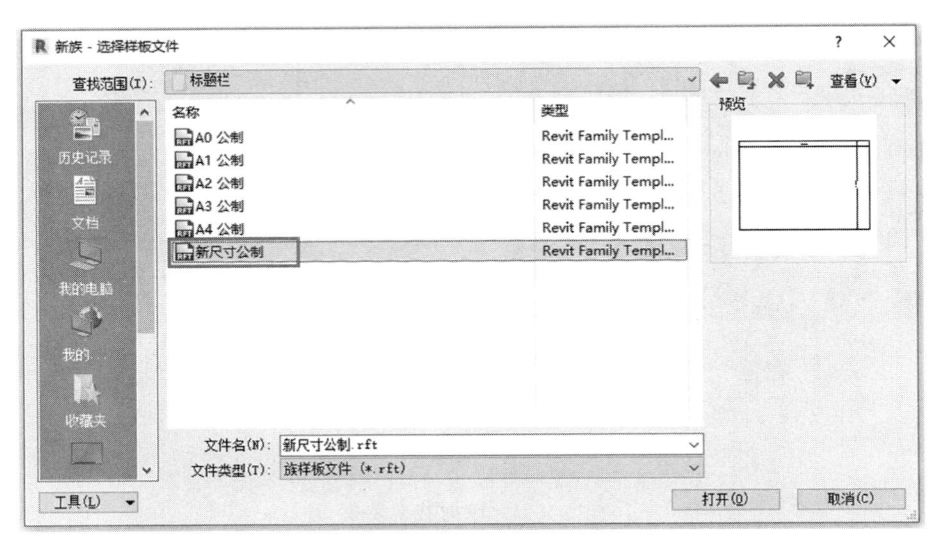

图 6.3-23　新建图框族

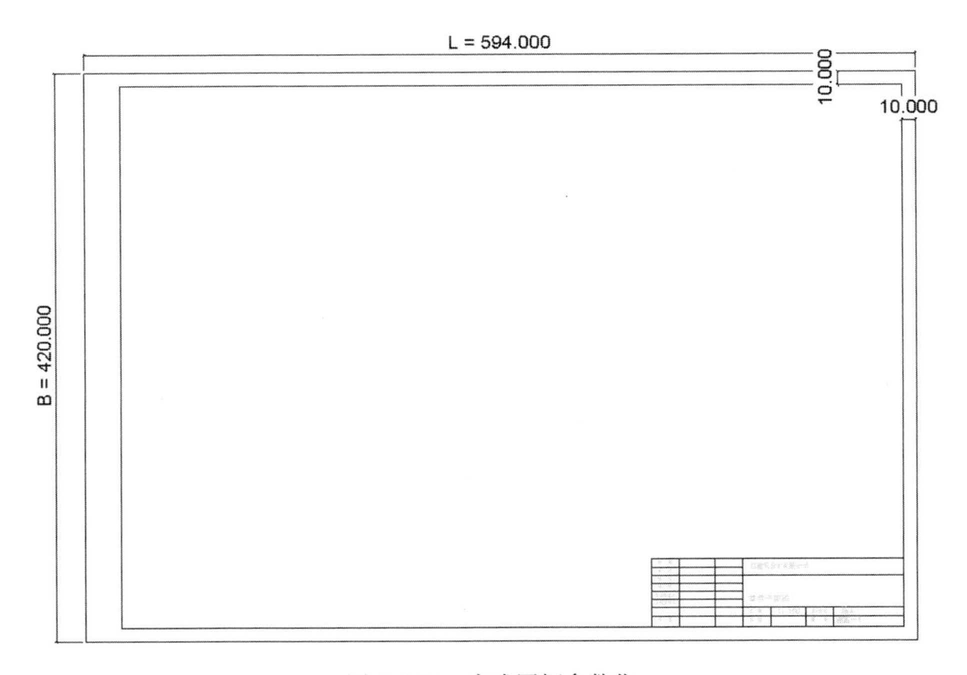

图 6.3-24　完成图框参数化

2）明细表

明细表是 Revit 中较常用的工具，其中最重要就是工程量统计功能，在项目样板中将常见明细表类型进行统一添加和设置，保证不同项目间的统一性，便于重复使用，节约项目实施时间，如图 6.3-25 所示。

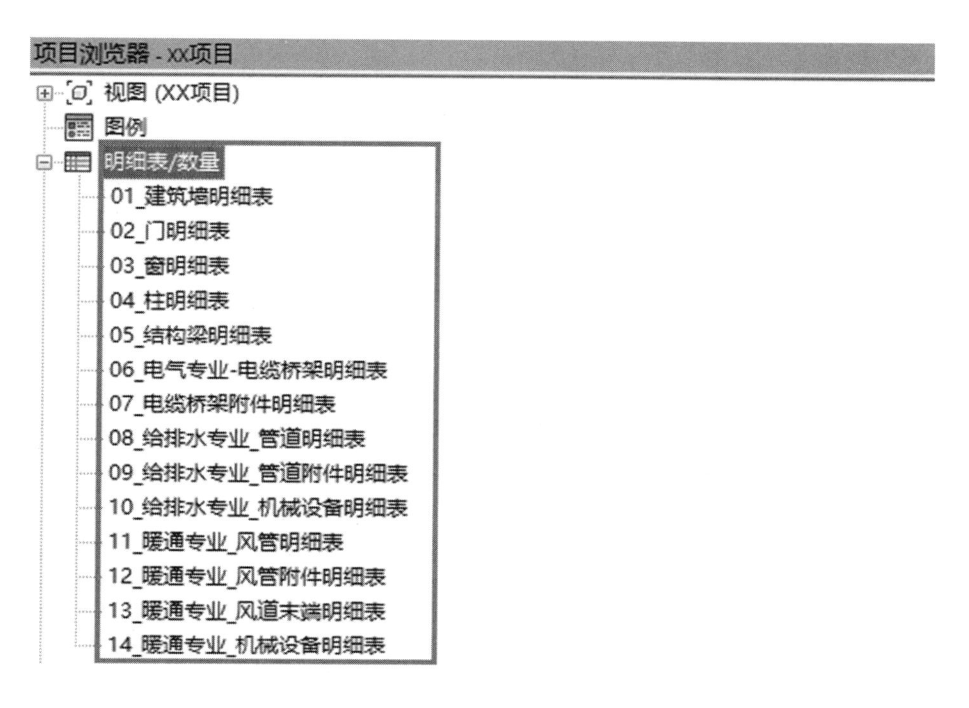

图 6.3-25 明细表类型举例

6.3.2 交付成果

各专业项目样板文件，由项目执行负责人完成该项目各专业样板文件的整理。

6.3.3 风险提示

（1）为避免设计过程中的重复工作，在项目实施前，一定要明确项目委托方是否有要求项目实施必须采用其指定的项目样板。

（2）BIM 团队需对各专业项目样板定期更新，提高团队工作效率。

6.4 模型搭建

模型搭建是项目应用的基础，其完整性和正确性直接影响整个项目实施进度和质量。此过程需先搭建土建专业、机电专业等基础模型，对于装饰模型、钢结构模型、幕墙模型等专项模型需根据项目委托方需求进行搭建。在模型搭建过程中，BIM 工程师需要对设计图纸中出现的“错、漏、碰、缺”问题进行记录，形成问题报告。

在建筑工程中，土建、机电、综合管网、装饰等常采用 Autodesk Revit 平台进行模型搭建，而钢结构、幕墙常分别采用 Tekla、Rhino 软件进行搭建。本节主要介绍基于 Autodesk Revit 平台土建、机电模型搭建过程中的一些经验教训，为其他模型搭建提供参考和指导。

6.4.1 工作任务详解

(1) 图纸处理

BIM 深化设计项目的模型搭建通常是基于二维设计图纸建立的。由于二维图纸表达内容较多，直接导入 BIM 模型中，通常会导致模型内存增大且不利于 BIM 工程师提取图纸中的关键信息。因此，在模型搭建前，需要对图纸进行处理，删除一些不需要的文字、标注及杂乱的线条，仅保留对模型搭建有用的信息。各专业图纸处理要求如表 6.4-1 所示。

图纸处理要求 **表 6.4-1**

专业	保留信息
建筑	轴网、标高、功能房间名称、墙、门、楼梯、电梯以及有用的文字标注
结构	轴网、标高、结构构件(结构梁、结构柱、结构墙、桩、承台等)以及有用的尺寸标注、文字标注
暖通	轴网、风管管道及其系统、尺寸，暖通系统相关的构件及其设备信息
给水排水	轴网、水管管道及其系统、尺寸，给水排水系统相关的构件及其设备信息
电气	轴网、电缆桥架及其系统、尺寸，电气系统相关的构件及其设备信息

(2) 土建模型搭建

1) 创建轴网、标高

轴网、标高是建筑构件在立剖面、平面中定位的重要依据，控制着整个模型的空间、平面关系。模型中的轴网、标高需与二维图纸保持一致，确保后续各专业模型搭建时定位基点的准确。

标高分为两种：绝对标高、相对标高。创建绝对标高，标高为上标头；创建相对标高，±0.000 以上为上标头，±0.000 以下为下标头。搭建模型前，根据建筑立面图中标高的表示方式，确定项目采取哪种标高形式。标高的名称通常以楼层+绝对标高（相对标高）表达，例如：1F _ 363.450（0.000）。在创建标高后，需将标高转化为对应的楼层平面，便于搭建模型时选择不同标高的平面。

2) 结构模型搭建

结构模型需要创建结构柱、结构墙、结构框架、楼板、基础、梯梁、梯柱等，具体建模内容需参照该项目的“项目标准”执行。

①创建结构柱、结构墙、结构框架

针对结构柱、结构墙、结构框架这类基本构件，通常采用软件进行翻模，但翻模后通常会出现构件遗漏、材质缺失、尺寸有误等问题，此时需根据二维图纸校核构件信息，以保证图模一致。当该层模型为标准层时，可将确认无误后的构件复制到相应楼层，提高工作效率。

②创建结构楼板

根据结构平面布置图，基于该项目的“项目标准”对结构楼板属性（楼板名称、楼板厚度、楼板材质及颜色）进行修改，并采用楼板绘制命令创建结构楼板。当楼板有坡度时，有两种绘制方式：一是坡度箭头（调整尾高或者指定坡度）；二是修改子图元。绘制楼板时需注意：明确结构板范围边界、升降板区域，避免结构板标高出现错误，影响建筑净高；若图纸中有填充区域且有相应具体标高，应对应具体区域创建具体标高（图 6.4-1、图 6.4-2）。

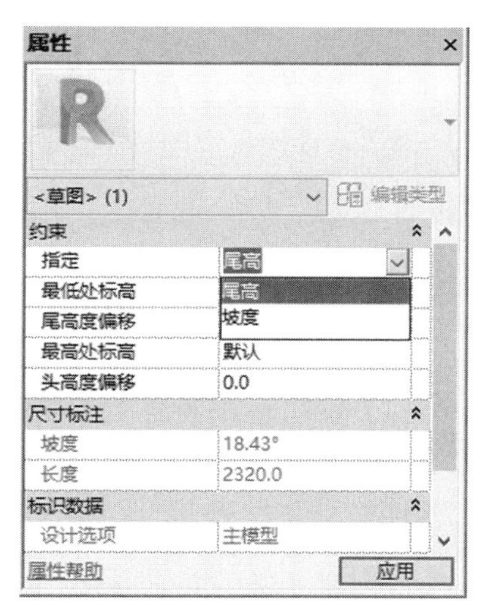

图 6.4-1　尾高、坡度修改方式

图 6.4-2　子图元修改方式

③创建基础

结构基础包括桩基础、承台、地梁，通常采用软件进行翻模，翻模后需重新校核构件材质、尺寸以及模型完整性。注意桩基础形式以及承台高度均需根据基础平面图确定，基础构件不能高于结构板面。

④创建楼梯梯梁、梯柱

梯梁、梯柱通常体现在楼梯详图中。根据楼梯平面图明确梯梁、梯柱位置，结合楼梯剖面大样图，确定梯梁、梯柱标高。

3）建筑模型搭建

建筑模型需要创建建筑墙体、门窗、楼梯、栏杆扶手、集水坑、排水沟、车位、车道中心线、小型构件、吊板、空调板、女儿墙压顶、屋顶，具体建模内容应参照该项目的“项目标准”执行。

①创建建筑墙体

根据建筑平面图，在创建墙体前需要对建筑墙体属性（墙体名称、墙体厚度、墙体材质及颜色）进行修改。

创建幕墙时，应根据建筑立面图，确定幕墙网格划分间距、竖梃尺寸。通常在幕墙门窗处需做间断处理，此时可通过绘制未进行参数设置的幕墙并根据门窗尺寸作网格划分，最后再添加幕墙门、窗构件。

②门窗绘制

门窗绘制是基于楼层标高将其放置于墙体上。在创建防火卷帘时需注意包厢高度及包厢是否撞梁、包厢两侧是否与结构柱碰撞；创建电梯门时需注意电梯门方向及是否与顶部连梁碰撞。

③楼梯绘制

楼梯分建筑楼梯和结构楼梯。建筑楼梯、结构楼梯依据对应标高创建，通常以结构楼梯为基础，生成踏板和踢面后创建建筑楼梯。若休息平台为不规则形状，则需要重新编辑平台边界。编辑平台边界可以进入楼梯编辑模式，选中平台，选择编辑栏中的“转换”对平台自定义编辑。

④创建栏杆扶手

常用栏杆扶手有两种形式：铁艺栏杆、玻璃栏杆。通常，楼梯自带的栏杆扶手应为铁艺栏杆，商业综合体中庭区域以及室外景观阳台一般采用玻璃栏杆。

⑤创建集水坑、排水沟、车位

集水坑、排水沟、车位通常以族的形式体现，根据图纸表达，在族编辑类型中修改相关构件尺寸。

放置集水坑需注意坑底标高应与图纸表达一致，且不能与基础碰撞；放置集水坑、排水沟、车位等族时注意基于建筑板面进行放置，对于建筑板面有坡度时，排水沟族和车位族应注意选择基于面放置。

⑥创建车道中心线

车道中心线有两种创建方式：结构板创建，常规模型创建。当车道结构板是斜板时，建议使用结构板创建方式进行绘制，便于调整中心线板标高，使其与车道结构板标高一致。除此类情况外，两种创建方式均可。

⑦创建小型构件

在模型中的小踏步、踢步≤5 的楼梯、不规则构件和跨度较大的坡度，可使用常规模型创建。

⑧创建吊板、空调板

吊板、空调板绘制方式与板相同。吊板通常出现在地下车库中，空调板通常出现在塔楼中。

⑨创建女儿墙压顶

女儿墙压顶一般是不规则形状，通常使用常规模型创建。

⑩创建屋顶

针对屋顶散水找坡，通常可不进行坡度处理，若项目委托方有特殊需求或坡屋顶影响屋顶造型时，则可对屋顶进行坡度定义。

4）总平面模型搭建

总平面模型需体现建筑结构主体与周边场地及周边建筑的关系，主要包含内容：建筑红线、主要道路、广场、停车场、消防车道、绿地、边坡、挡墙、建筑红线周边建筑物及构筑物（风玫瑰、经济指数指标等非模型构件可按需添加）等（图 6.4-3）。

图 6.4-3　总平面模型

①数据准备

从 CAD 图纸中提取高程点数据，并进行数据处理与保存（.csv 格式）。注意表格中三列数据顺序为：位置 X、位置 Y、值（高程），不能调换顺序（图 6.4-4、图 6.4-5）。

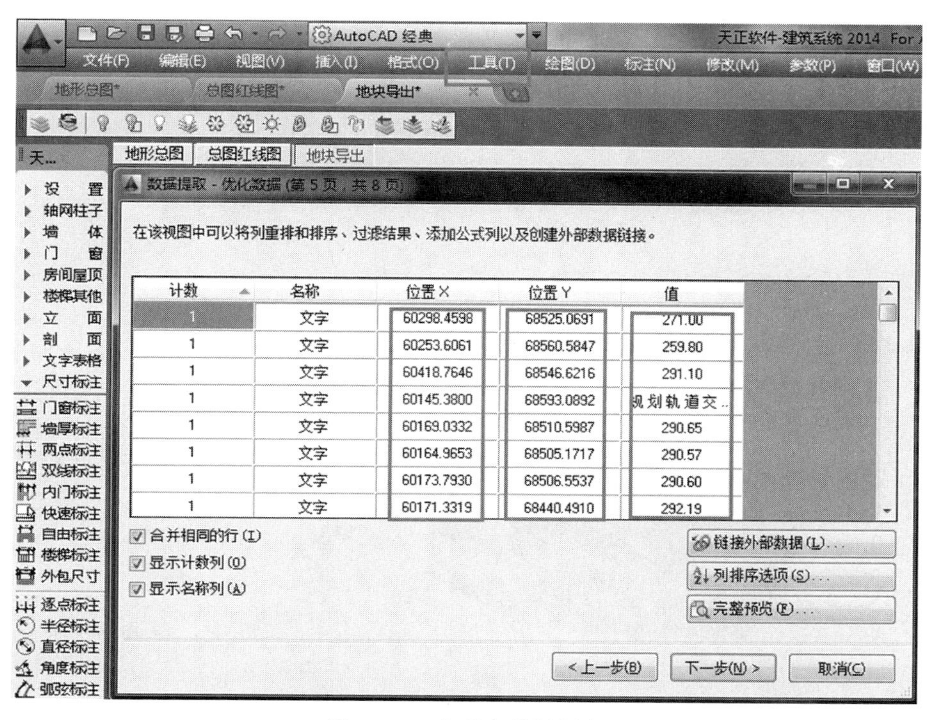

计数	名称	位置 X	位置 Y	值
1	文字	60298.4598	68525.0691	271.00
1	文字	60253.6061	68560.5847	259.80
1	文字	60418.7646	68546.6216	291.10
1	文字	60145.3800	68593.0892	规划轨道交...
1	文字	60169.0332	68510.5987	290.65
1	文字	60164.9653	68505.1717	290.57
1	文字	60173.7930	68506.5537	290.60
1	文字	60171.3319	68440.4910	292.19

图 6.4-4　高程点数据提取

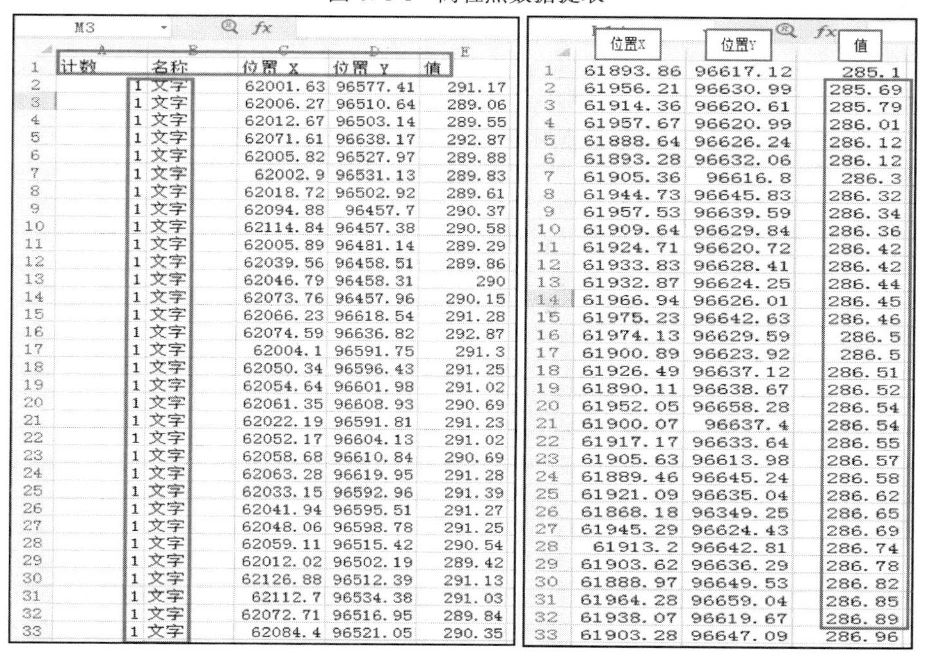

	A	B	C	D	E
1	计数	名称	位置 X	位置 Y	值
2	1	文字	62001.63	96577.41	291.17
3	1	文字	62006.27	96510.64	289.06
4	1	文字	62012.67	96503.14	289.55
5	1	文字	62071.61	96638.17	292.87
6	1	文字	62005.82	96527.97	289.88
7	1	文字	62002.9	96531.13	289.83
8	1	文字	62018.72	96502.92	289.61
9	1	文字	62094.88	96457.7	290.37
10	1	文字	62114.84	96457.38	290.58
11	1	文字	62005.89	96481.14	289.29
12	1	文字	62039.56	96458.51	289.86
13	1	文字	62046.79	96458.31	290
14	1	文字	62073.76	96457.96	290.15
15	1	文字	62066.23	96618.54	291.28
16	1	文字	62074.59	96636.82	292.87
17	1	文字	62004.1	96591.75	291.3
18	1	文字	62050.34	96596.43	291.25
19	1	文字	62054.64	96601.98	291.02
20	1	文字	62061.35	96608.93	290.69
21	1	文字	62022.19	96591.81	291.23
22	1	文字	62052.17	96604.13	291.02
23	1	文字	62058.68	96610.84	290.69
24	1	文字	62063.28	96619.95	291.28
25	1	文字	62033.15	96592.96	291.39
26	1	文字	62041.94	96595.51	291.27
27	1	文字	62048.06	96598.78	291.25
28	1	文字	62059.11	96515.42	290.54
29	1	文字	62012.02	96502.19	289.42
30	1	文字	62126.88	96512.39	291.13
31	1	文字	62112.7	96534.38	291.03
32	1	文字	62072.71	96516.95	289.84
33	1	文字	62084.4	96521.05	290.35

	位置X	位置Y	值
1	61893.86	96617.12	285.1
2	61956.21	96630.99	285.69
3	61914.36	96620.61	285.79
4	61957.67	96620.99	286.01
5	61888.64	96626.24	286.12
6	61893.28	96632.06	286.12
7	61905.36	96616.8	286.3
8	61944.73	96645.83	286.32
9	61957.53	96639.59	286.34
10	61909.64	96629.84	286.36
11	61924.71	96620.72	286.42
12	61933.83	96628.41	286.42
13	61932.87	96624.25	286.44
14	61966.94	96626.01	286.45
15	61975.23	96642.63	286.46
16	61974.13	96629.59	286.5
17	61900.89	96623.92	286.5
18	61926.49	96637.12	286.51
19	61890.11	96638.67	286.52
20	61952.05	96658.28	286.54
21	61900.07	96637.4	286.54
22	61917.17	96633.64	286.55
23	61905.63	96613.98	286.57
24	61889.46	96645.24	286.58
25	61921.09	96635.04	286.62
26	61868.18	96349.25	286.65
27	61945.29	96624.43	286.69
28	61913.2	96642.81	286.74
29	61903.62	96636.29	286.78
30	61888.97	96649.53	286.82
31	61964.28	96659.04	286.85
32	61938.07	96619.67	286.89
33	61903.28	96647.09	286.96

图 6.4-5　高程点数据处理

② 创建总平面模型构件

a. 创建建筑红线

建筑红线有两种创建方式：楼板和子面域方式创建，宽度常用 1500mm。建筑红线贴合在地形表面，用子面域创建；建筑红线在道路、绿地上，用板创建（若使用子面域创建，则建筑红线被道路、绿地遮挡）。

b. 创建场地

将处理保存的数据导入 Revit 生成地形表面（图 6.4-6）。

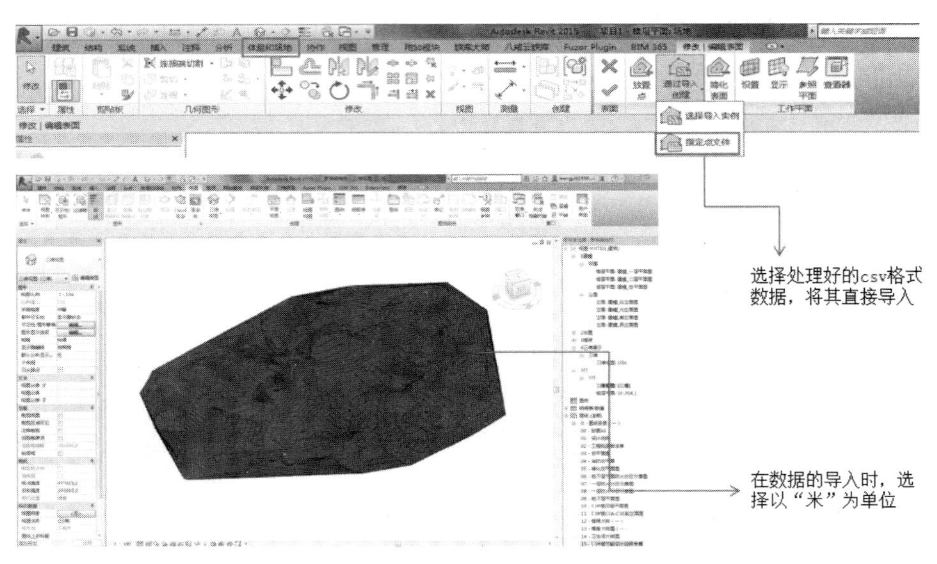

图 6.4-6 导入生成地形表面

c. 创建场地构件

场地构件包括道路、边坡、绿地、停车场以及周边建筑物、构筑物、挡墙等。通常利用子面域、坡道、结构楼板、内建体量等方式进行绘制。

d. 创建风玫瑰及经济指数指标

风玫瑰通常以族的形式体现，直接放置在模型平面。经济指数指标是通过 CAD 图纸打印成图像插入模型平面。

（3）机电模型搭建

1）机电模型搭建准备

① 创建轴网、标高：机电模型的轴网、标高通常在土建模型的基础上进行复制创建，注意标高在立面上复制，轴网在楼层平面上复制（图 6.4-7）。

② 系统创建：若项目样板中未设置图纸中表达的暖通、给水排水系统及相关管道类型、电气系统及其电缆配件时，BIM 机电工程师需先参照《建筑工程设计信息模型制图标准》JGJ/T 448—2018、地方标准及项目委托方要求进行系统创建。注意各系统管路配置时，管件或配件需与管路材质连接方式对应，例如：*DN*80 及以上的内外壁热镀锌钢管采用卡箍连接。

2）创建暖通系统模型

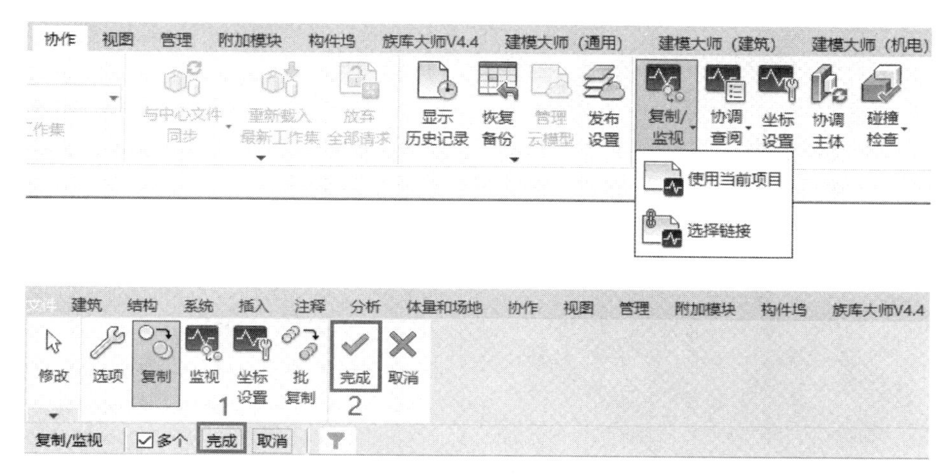

图 6.4-7　轴网、标高创建

风管系统主要包括风管管道、风机、风口、风管附件。在创建风管后，需检查构件是否创建完整，系统与类型是否对应，风管尺寸与图纸表达是否一致等内容。对于连接风管的风机需明确其安装形式（落地安装、吊装），以便确定风管的转换及标高。若图纸中风口未表达安装形式时，BIM 机电工程师需主动与专业设计师沟通，明确安装形式（上风口、下风口），避免因风口形式表达错误影响机电管线的排布及标高。此外还需对管道附件进行添加，例如：止回阀、防火阀、对开多叶调节阀等，在放置管道附件时，尽量采用参数族，并注意附件尺寸应与图纸表达一致，且与风管匹配（图 6.4-8）。

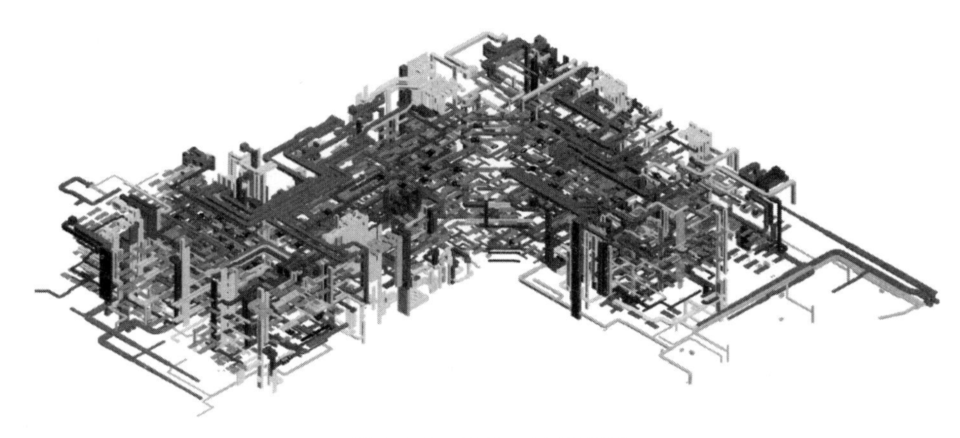

图 6.4-8　暖通三维模型图

3）创建给水排水系统模型

给水排水系统主要包括水管管线、设备、末端点位、阀门。在创建管线后，需校核构件是否创建完整，系统与管道类型是否对应，管道尺寸是否与图纸表达一致。对于放置在管线上的阀门（例如：闸阀、蝶阀、截止阀等）需根据图纸进行添加，同风管附件一样，尽量采用参数族，保证阀门尺寸与管线尺寸相同。针对喷淋系统末端构件较多，不利于手动绘制的情况，通常采用翻模的方式创建。在进行翻模前，需明确喷头安装形式（上喷、下喷），并考虑将喷淋系统设置在管线最上层，喷淋主管贴主梁设置（最多预留 100mm

距离)，方便后期优化时仅对标高做细微调整就能达到整体优化效果。喷淋系统创建完成后，需校核系统完整性以及管道尺寸，并做对应修改（图 6.4-9）。

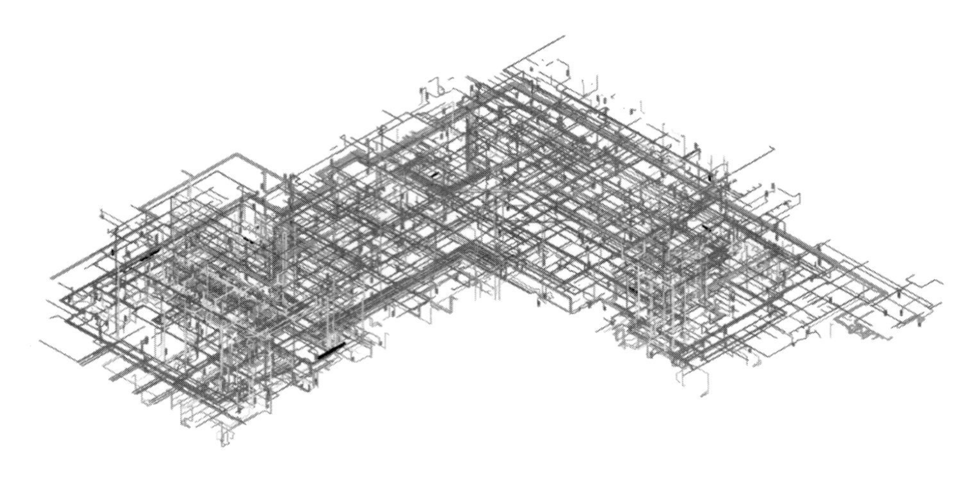

图 6.4-9　给水排水三维模型

4）创建电气桥架系统模型

电气系统主要包括电缆桥架以及配电箱、开关柜、变压器等。基本构件创建完成后，需检查构件是否完整，桥架系统、尺寸与图纸表达是否一致。当创建不同系统的桥架时，尽量选取不同标高，避免不同系统的桥架同标高而产生自动连接的情况。配电箱的安装高度可根据图纸中安装说明确定，若无相关说明，可取 1100～1500mm（图 6.4-10）。

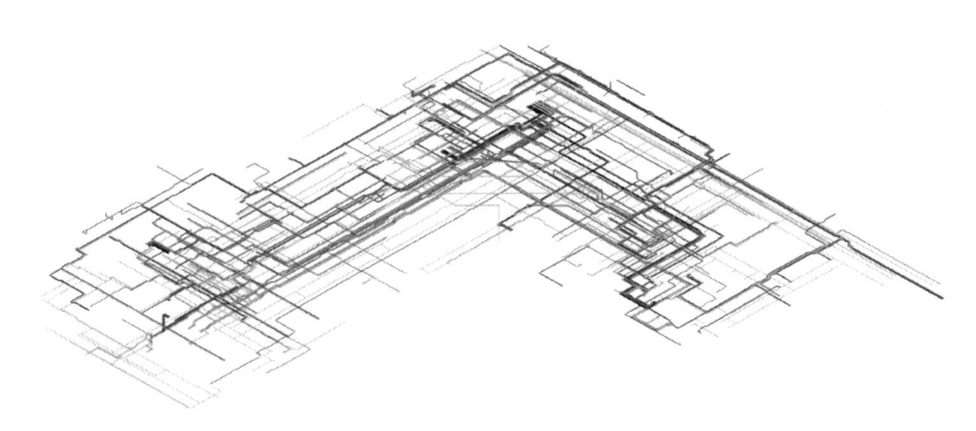

图 6.4-10　电气三维模型

6.4.2　交付成果

由土建、机电专业负责人完成土建模型、机电模型及问题报告等成果的整理。

6.4.3　风险提示

（1）插入图纸有链接图纸与导入图纸两种方式，一般采用链接图纸的方式（表 6.4-2）。

插入图纸方式　　表 6.4-2

方式	优势	劣势
链接 CAD	方便翻模时拾取并能够查看图纸路径	协同过程中，电脑容易失去链接位置
导入 CAD	图纸始终保存在文件中	增大模型内存

（2）模型搭建前，项目执行负责人需再次与项目经理明确模型深度标准，保证模型质量。

（3）平面视图中不显示结构框架，则考虑三种方法：①在系统快捷键 VV（可见性）中勾选结构框架；②在项目属性—规程—协调；③在项目属性中，调整视图范围。以上三种方法适用于任意构件。

（4）机电模型搭建过程中，需注意管道类型与管道系统对应，新建电缆桥架系统，也应新建对应系统的电缆配件并正确配置，使过滤器能够完整控制。

（5）对于审查类项目或项目委托方对模型信息有明确规定，需添加构件非几何信息。

（6）在建模过程中发现图纸存在遗漏或表达不明确等问题应及时记录在问题报告中，由项目执行负责人每天整理，定期反馈，避免影响项目进度。

（7）土建、机电按照设计图纸建模完成后，建议将初始模型归档，便于后期做对比分析。

6.5　土建深化

在土建模型搭建过程中，BIM 土建工程师需从模型空间、关键净高、功能使用等角度出发，对模型正确性、合理性进行判断及优化。常见问题例如：结构搭接关系不正确、功能房间布置不合理、净高要求不满足等，通过对以上问题的梳理及深化，提高模型精确度，完善模型合理性，进而减小由于土建因素造成机电深化错误的可能。本节主要针对土建模型的空间细部节点优化、空间竖向净高优化以及成本优化三方面进行阐述。

6.5.1　工作任务详解

（1）模型空间优化

BIM 土建工程师在保证图模一致的情况下对三维模型进行合理性检查，形成问题报告，与专业设计师沟通决策后对模型进行修改。对于图纸中的重大问题需要与项目委托方共同决策，进而实现对模型空间的优化，完善设计的合理性。对于模型空间优化分为以下几点：

1）优化结构构件搭接

一般在阳台、卫生间、餐饮厨房、露台、设备机房及基础等区域，常常会存在降梁、降板的情况，反映到模型中就可能会存在梁标高低于板标高、主梁与次梁不能构成搭接关系等不合理的问题，BIM 土建工程师需同专业设计师沟通，确认修改搭接关系。结构梁优化前后搭接关系如图 6.5-1、图 6.5-2 所示。

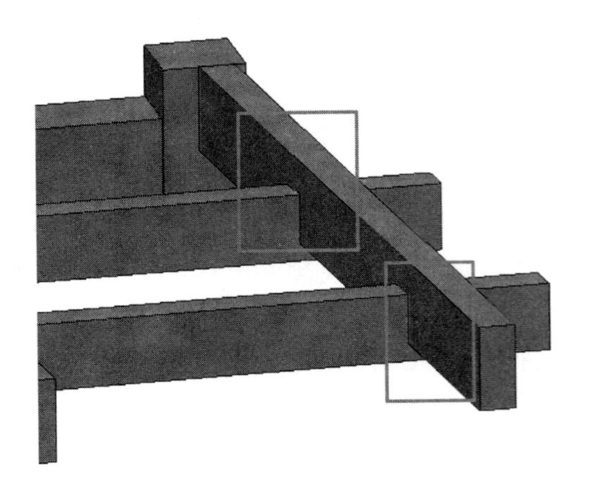
图 6.5-1　优化前

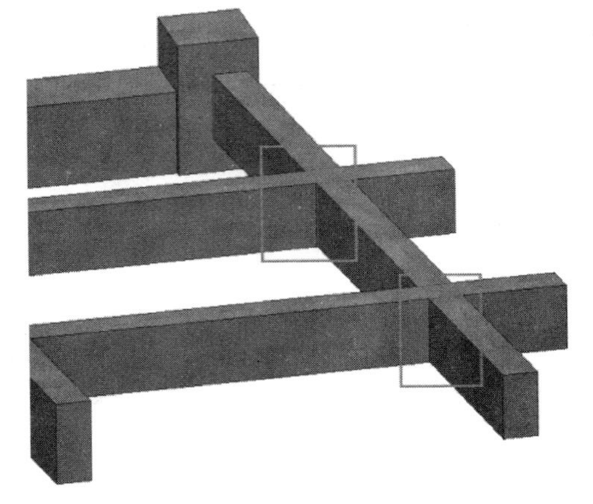
图 6.5-2　优化后

2）调整建筑与结构专业碰撞

常规一次设计时间周期较短，通常未有多余的时间进行各专业合图，导致建筑、结构模型中存在碰撞。常见碰撞有：防火卷帘包厢撞结构梁；建筑门、窗撞结构柱和梁；幕墙撞结构梁；集水坑、排水沟与基础碰撞；桩基础位于结构板上方；电梯基坑标高低于缺口桩标高等问题。对于此类碰撞问题也需进行修改和优化，例如：防火卷帘包厢撞结构梁的问题，需修改结构梁高度，或在满足规范要求条件下修改卷帘门高度（规范要求防火卷帘高度距离地面至少满足 2200mm，车道常规要求为 2400mm），如图 6.5-3、图 6.5-4 所示。

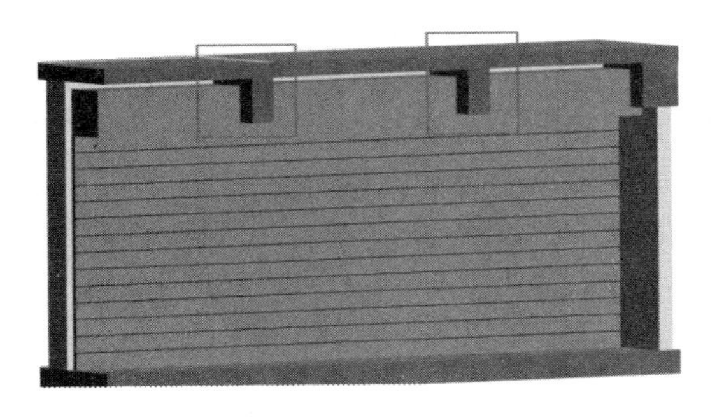
图 6.5-3　优化前

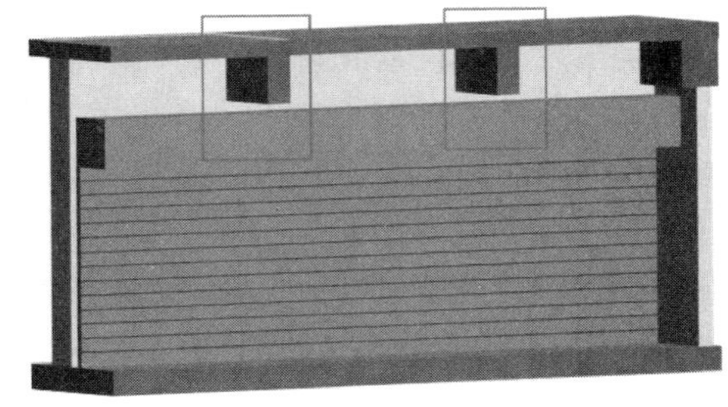
图 6.5-4　优化后

3）分析功能布局合理性

对功能空间布局进行合理性分析，能够减少不必要的成本投入。根据已有项目经验，通常可从以下几方面考虑优化：取消无实际作用、浪费面积的功能房间；优化未居中设置的车道；将设备用房、楼梯设置于低效停车区域；调整机械车位位置；调整疏散楼梯位置；优化管井尺寸和位置；优化核心筒位置及数量等。通过优化功能房间布局，既提高了空间利用率，在一定程度上也节约了建造成本。例如：针对学校建筑，考虑到学生出行和疏散，将楼梯调整至居中位置（图 6.5-5、图 6.5-6）。

（2）空间净高优化

对于项目委托方重点关注区域和净高要求的区域进行净高核查，例如：出入口、单元

图 6.5-5　优化前楼梯位置

图 6.5-6　优化后楼梯位置

入户大堂、楼梯间、电梯厅、中庭走道等空间。BIM 土建工程需针对净高不足或安装空间较狭窄的区域提出优化意见，将净高优化工作前置，从建筑角度解决净高问题，同时降低后期机电深化工作的难度。建筑净高优化方案有：

1）调整结构梁尺寸

在空间净高不足或者设备安装空间狭小的情况下，BIM 土建工程师与专业设计师商定在荷载承受范围内局部调整结构梁截面尺寸，如降低截面高度、增大截面宽度等方法，以达到提升梁下净高的效果。

2）结构梁上翻

结构梁上翻也是解决空间净高的一种方式，局部结构梁应沿排水方向上翻，注意梁上翻后勿形成排水死角（图 6.5-7）。

3）减小建筑面层厚度

影响空间净高的因素除了结构梁尺寸、结构板厚、机电管线安装高度、装饰吊顶造型外，还有建筑面层厚度的影响，建筑面层厚度通常考虑 80～100mm，BIM 土建工程师可针对大面积回填或建筑面层过厚的区域，进行合理优化，提升建筑整体净高。

（3）成本优化

除了对建筑空间优化外，还需从成本角度出发，对项目进行成本优化。本部分结合实际项目经验，浅谈地下车库和商业综合体在成本优化方面的考虑因素。

1）地下车库

地下车库作为配套设施，要求强制建设，但其造价占比较高，在设计上也存在很多不合理的问题。从以往项目来看，常见问题有：柱距不合理、车道及坡道宽度偏大、出入口数量偏多、车道设置不合理导致两侧车位数量减少、附属设施挤占停车位、车库边界轮廓

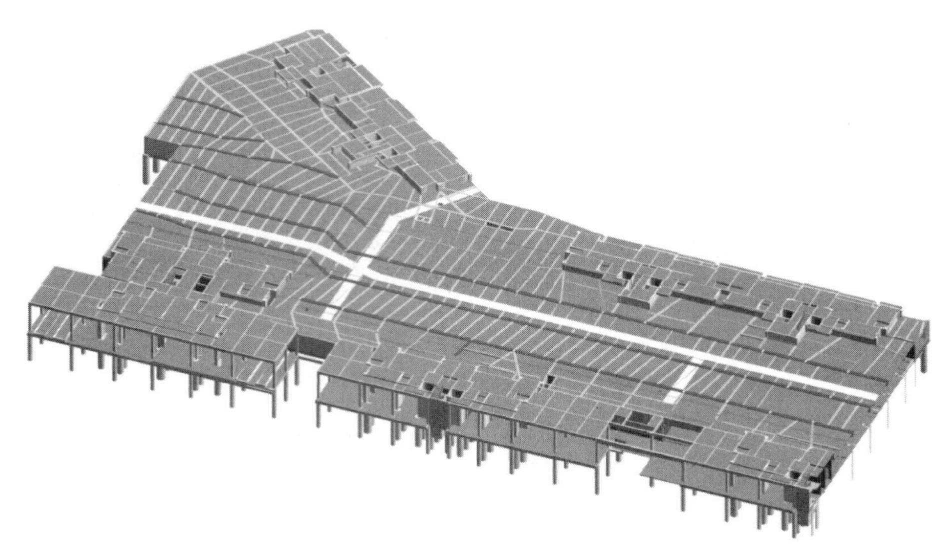

图 6.5-7　结构梁上翻

线过多折线，增大挡墙使用量等，其很大程度上增加了车库的建设成本。因此，利用 BIM 技术辅助地下车库进行优化，在满足功能需求的同时，尽可能减少不必要的投入，对提升车库性价比具有很重要的意义（图 6.5-8）。

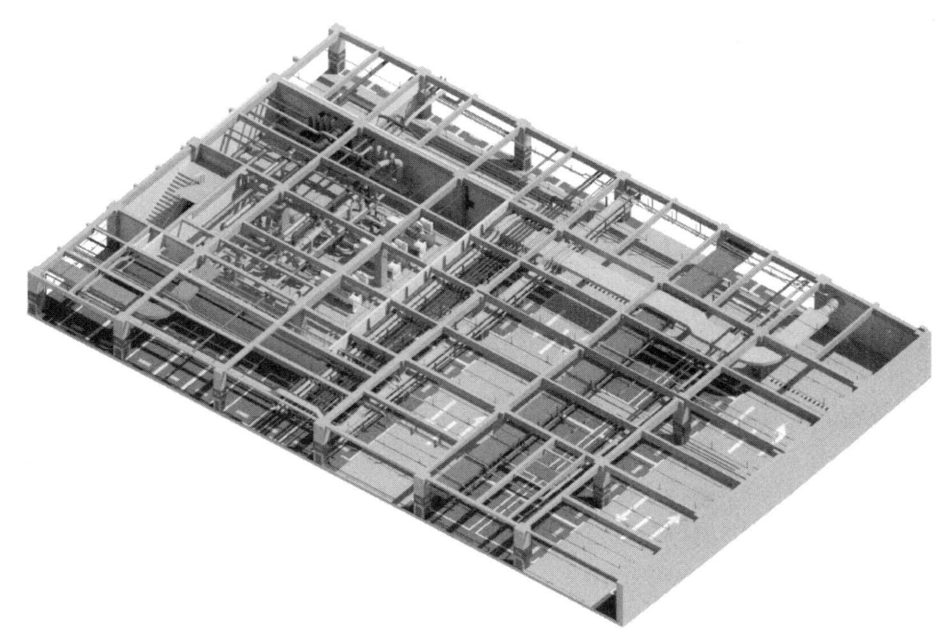

图 6.5-8　局部车库

① 优化柱网尺寸

柱间距不符合车位宽度模数，影响停车位使用，造成面积浪费，按车位模数合理布置柱网，可以减少车库无效面积及增加单个车位的使用面积。以典型车位 2400mm×

5300mm为例，方案二比方案一面积浪费3.85%（图6.5-9、图6.5-10）。

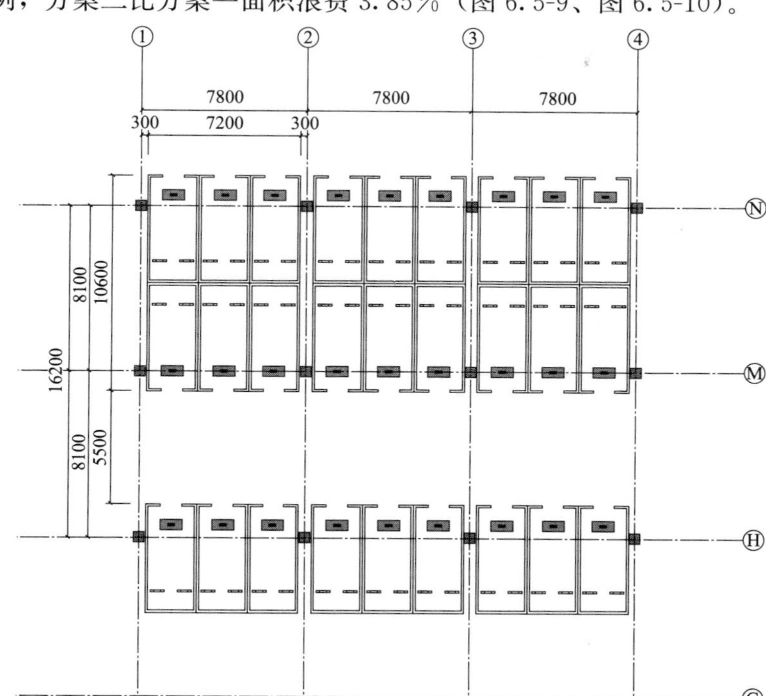

图6.5-9　方案一：典型柱网7800mm×8100mm

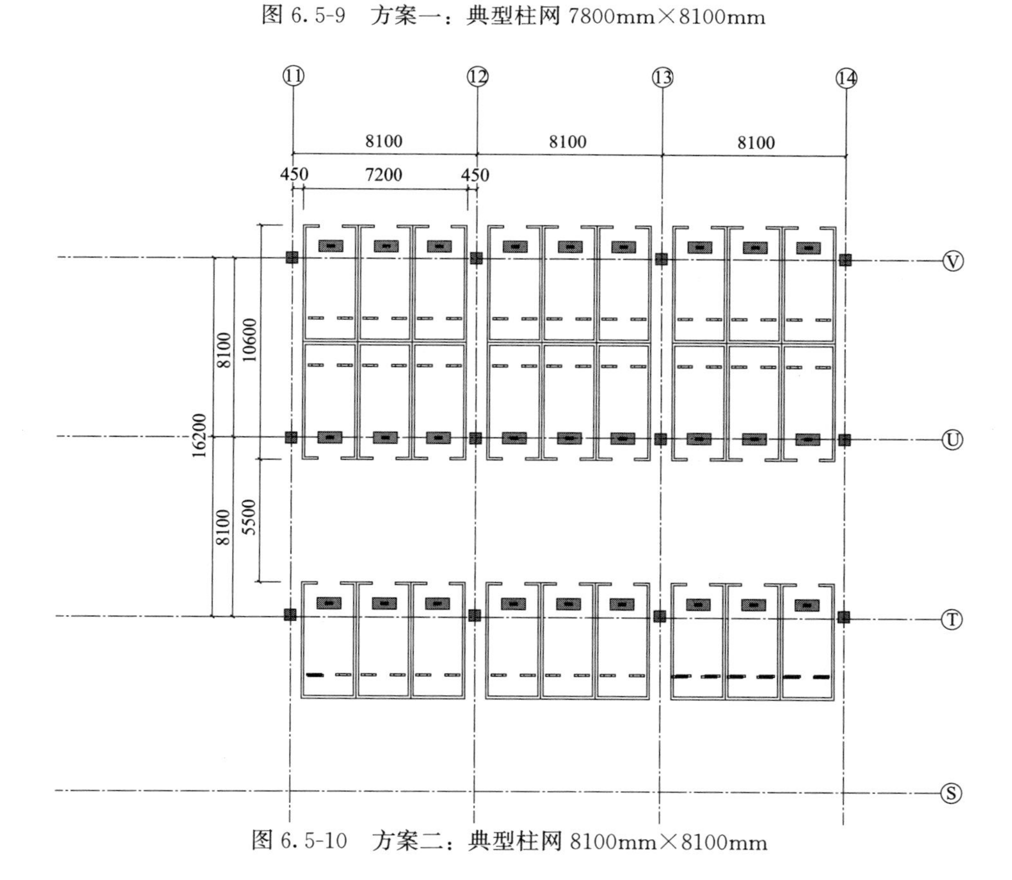

图6.5-10　方案二：典型柱网8100mm×8100mm

② 优车道宽度、坡道宽度

根据规范要求车道最小宽度是：单行车道 3.0m，双行车道 5.5m。3.0m 仅为车道宽度，如果考虑停车，车道最小宽度为 5.5m，所以一般情况双车道 5.5m 宽就能够满足要求，通过调整车道宽度，增加停车面积。

对于坡道宽度，按规范要求即可，随意加宽会增加车库的无效面积，进而增大单车位面积。坡道形式可分为直线坡道、曲线坡道、直线曲线混合坡道、螺旋坡道（两层以上）。一般情况下，当坡道设置在车库内时，直线坡道比螺旋坡道更能节省面积。

③ 优化出入口宽度及数量

地下车库的出入口数量根据车库的规模来定，出入口数量及宽度尽量按规范最低要求设置，同时考虑车道出入口闸机的放置空间，出入口设置偏多则降低停车效率，增加成本（据初步计算，地下车库每增加一个出入口，成本增加 10 万元左右）。

④ 优化车道停车方式

优化停车方式，合理利用车库有效空间，提高停车效率的同时，达到增加停车位的目的。采取以下几点措施对停车方式进行优化：

a. 一般情况下首选车道两边垂直停车，尽量不出现水平或斜向停车；

b. 不出现车道靠边墙的情况；

c. 塔楼与地下车库之间不宜做单纯的连接通道，可安排两侧停车；

d. 灵活运用单行线，可增加停车位。

⑤优化车库外墙边界

a. 尽量合并住宅与地下车库之间的挡土外墙，能够有效降低结构成本（图 6.5-11、图 6.5-12）。

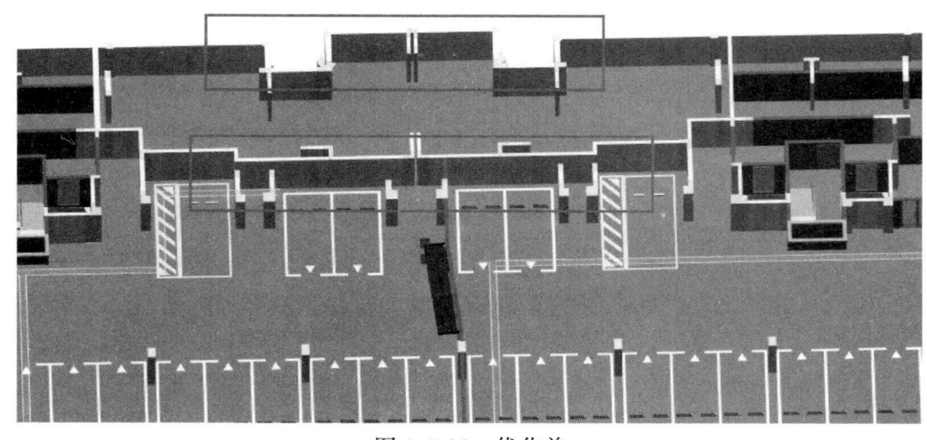

图 6.5-11　优化前

b. 尽量增加地下车库的规则性。面积相同的情况下，形状规则的形式更能减小车库挡墙的长度，进而降低成本。

⑥ 优化功能房间及疏散楼梯位置

设备用房和疏散楼梯应设置在主楼或停车低效率区，严禁在高效停车区设置设备用房和楼梯，以免降低停车效率。例如：将风机房移到塔楼下，既有效利用无用空间，又增加了停车位（图 6.5-13、图 6.5-14）。

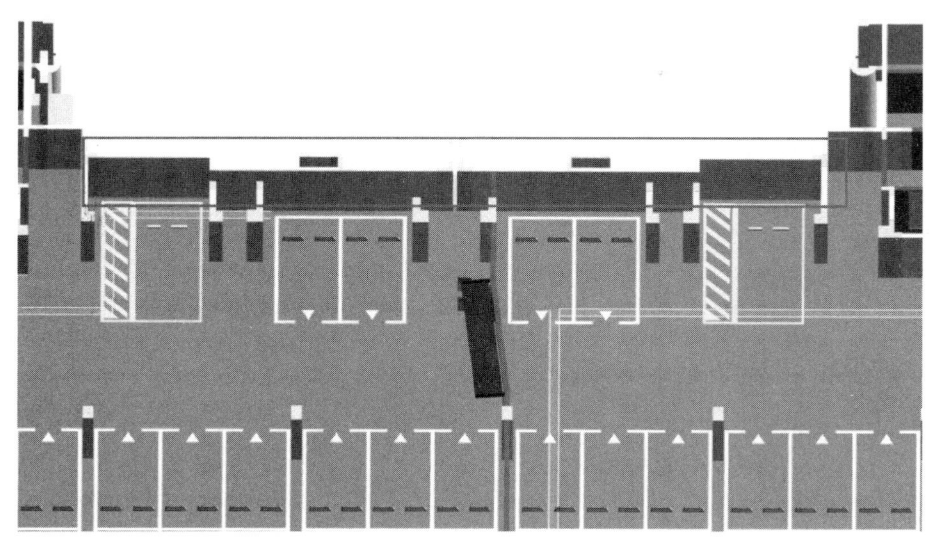

图 6.5-12　优化后

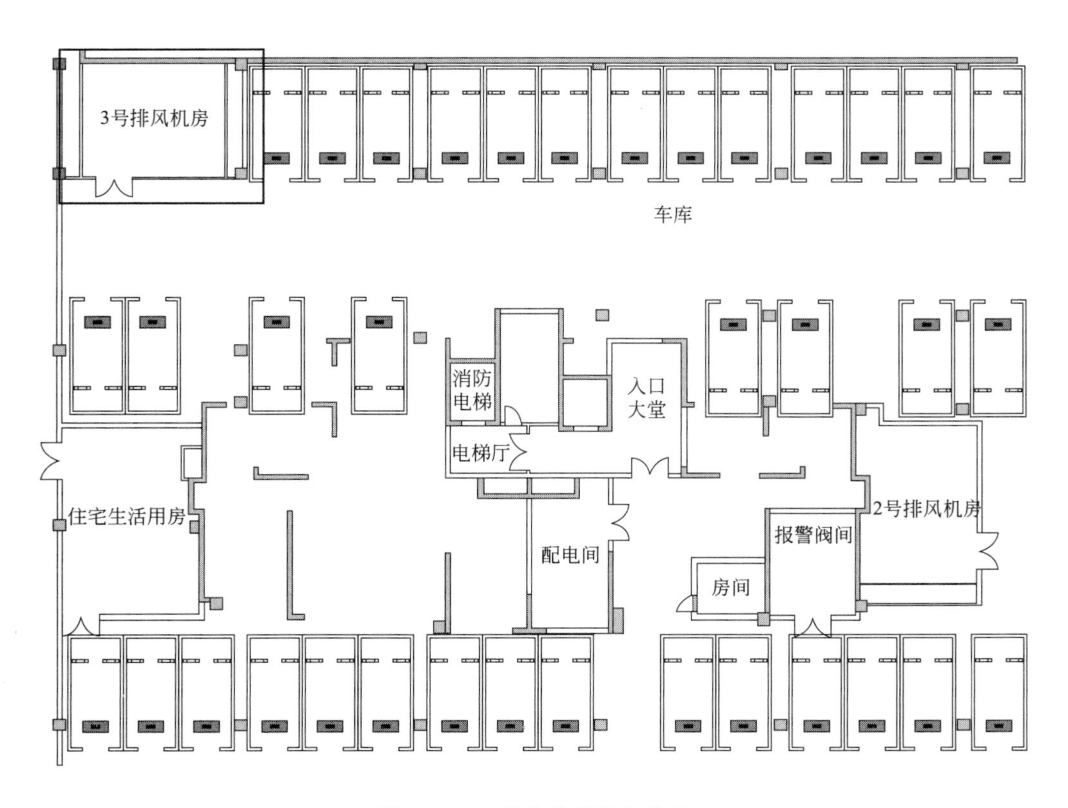

图 6.5-13　优化前风机房位置

综上对地下车库进行成本优化影响因素及优化方法总结，便于 BIM 土建工程师在深化设计过程中合理优化建筑空间布置，提升 BIM 应用价值（表 6.5-1）。

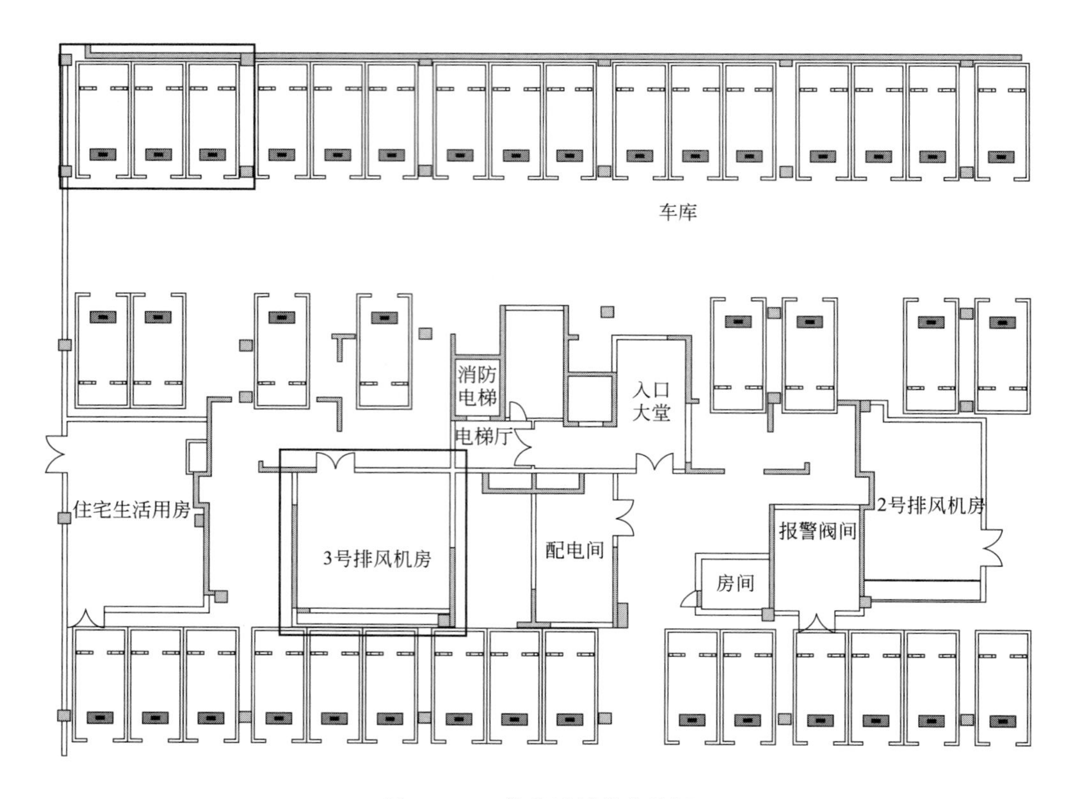

图 6.5-14　优化后风机房位置

成本优化要点总结　　　　**表 6.5-1**

成本优化要点	优化方法
柱网尺寸	以车位为研究对象，达到最紧凑布置； 严禁设置不合理柱网，一般典型柱网 8100mm×7600mm，如因结构柱截面需要，方可适当放大
车道宽度	单车道建议 4.0m，双车道 5.5m
坡道宽度/形式	坡道宽度，单行道建议 4.0m，双车道 7.0m； 直线坡道比螺旋坡道节省面积
出入口宽度/数量	地下车库的出入口数量根据车库的规模来定，出入口数量及宽度尽量按规范最低要求设置
行车/停车方式	一般情况下首选车道两边垂直停车，尽量不出现水平或斜向停车； 不应出现车道靠边墙的情况
外墙边界	合并住宅与地下车库之间的挡土外墙； 增加地下车库的规则性
其他	设备用房和疏散楼梯应设置在主楼或停车低效率区

2）商业综合体

商业综合体较地下车库而言，成本优化空间更大。此类建筑规模大，设计周期长，设计方需要满足项目委托方对建筑的特殊功能需求，不断调整和优化，容易出现防火分区划分及防火卷帘数量不合理、疏散楼梯宽度过宽；机房及管井布置影响商铺使用及销售；孔洞预留位置和尺寸错误，外表皮与结构碰撞（图 6.5-15），空调机位吊板设置不合理等问题。针对此类问题，本书有如下几点优化建议：

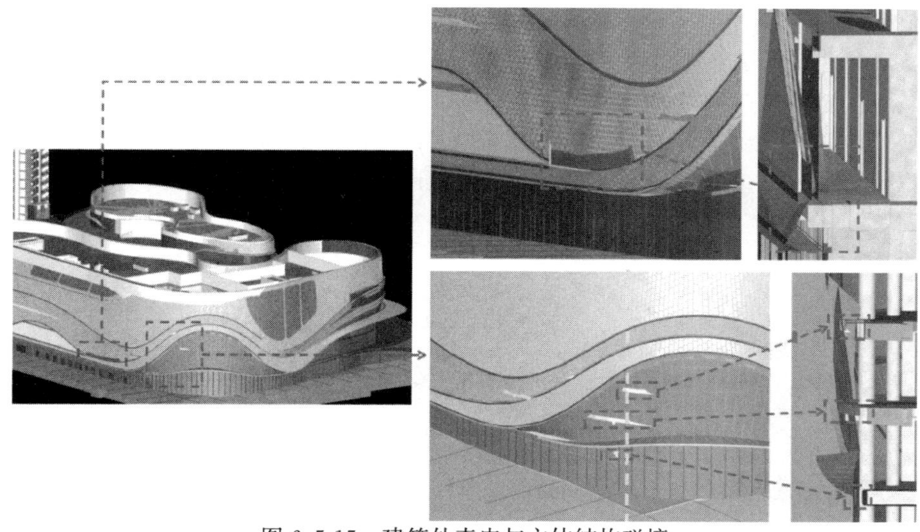

图6.5-15　建筑外表皮与主体结构碰撞

①优化防火分区

防火分区的个数要尽量少，这样分区机房和管井数量也相对减少，需要的防火卷帘也会减少。防火分区的划分要尽量结合楼梯间墙体、铺位间分隔及相对狭窄处设置，可降低防火分区对商业空间的影响，且便于相邻的防火分区互相借用疏散宽度。

②优化防火卷帘数量

防火分区初步划分之后，防火卷帘通常根据防火分区合理布置，非必要情况尽量减少防火卷帘的设置，规范上可利用建筑墙体做防火墙，尽量不要使用超长防火卷帘及弧度造型，既可节约前期投资、后期运行维护费用，又可减少设备管线、装饰造型与防火卷帘交叉对净高效果的影响；一层中庭部位建议不设置防火卷帘，会影响喷口的设置及吊顶高度。商业综合体中防火卷帘的用量较多，合理控制防火卷帘数量，也是控制此类项目成本的关键。

③优化疏散楼梯宽度

规范要求疏散楼梯宽度不小于1.4m，在满足规范要求的情况下，楼梯宽度并不是越宽越有利。因梯段越宽，相应的休息平台就越大，楼梯的体量也越大，相应成本也会增加，建议疏散楼梯的宽度同时满足人员疏散时间和规范要求即可。

④优化机房及管井布置

对机房和管井布置进行优化，减少对整个商业空间和商铺功能面积的占用，将价值更高的面积留出来，降低后期招商难度和改造成本，实现有效面积价值最大化，同时避免后期大幅的拆改和增设的情况。

对于机房和管井设置优化建议有以下几点：

a. 机房尽量靠建筑外围布置，便于组织进排风，也有利于整合商业空间；

b. 顶层机房尽量设置在屋顶；

c. 层高较高条件下，可将机房设置于设备夹层；

d. 管井靠近楼梯间等实体墙布置，或尽量集中设置；

e. 尽量不将管井设置于商铺内，不便于安装、检修和招商。

⑤优化预留孔洞位置

由于一次设计未从全局考虑管线的预留预埋，常常出现楼板或剪力墙上机电套管洞口的漏设、错设及二次开洞影响结构荷载的情况，造成设计变更及返工。针对预留预埋建议在机电深化完成后，对主体结构进行开洞处理，形成准确的预留预埋施工图纸，用于指导现场施工，减少二次开洞带来的设计变更及成本增加（图 6.5-16）。

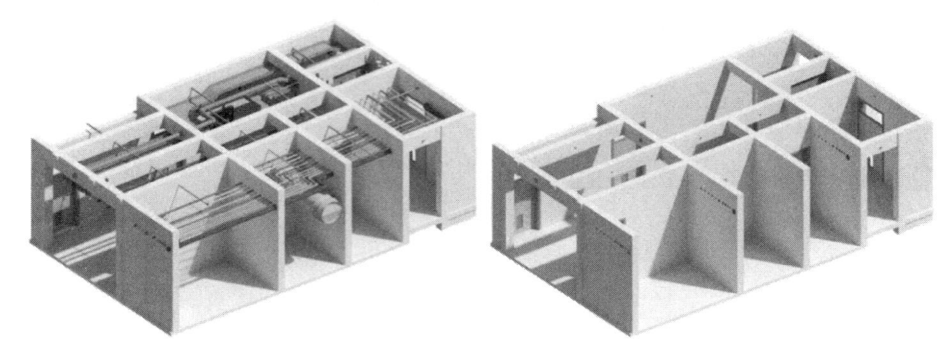

图 6.5-16　预留预埋

（4）模型完善并提资

BIM 土建工程师对土建模型的整体优化和问题报告整理反馈后，由土建专业负责人校核无误后，提资给该项目的机电专业负责人，进行下一步的机电深化设计工作。

6.5.2　交付成果

由土建专业负责人完成土建深化模型、问题报告等成果的整理。

6.5.3　风险提示

（1）模型在优化过程中难免有尚未优化到位或尚未发现的问题，优化完成后一定要多次交叉审核。

（2）在填写和回复问题报告时，将问题描述清楚，同时截图说明，避免出现因表达不清楚造成误解。

（3）土建深化模型提资后，可能会存在因机电优化的原因造成的修改，BIM 土建工程师需在后期配合进行土建模型的维护更新。

6.6　一次机电深化

在建筑工程行业中，设计院按照规范及方案要求设计的机电工程系统称之为一次机电。而基于 BIM 技术的一次机电深化主要是在土建、机电整合模型上对机电系统进行复核与优化的过程，此过程主要包括制定管线排布方案、管线平铺、管线标高及坡度调整、管线碰撞调整、管井深化、机房深化、支吊架深化、成本优化，期间充分综合考虑施工空间、设备安装空间、后期检修空间、装饰预留空间、美观、经济等因素（图 6.6-1），避免造成返工或拆改。

一次机电深化在整个BIM深化设计中尤为重要，不仅作为后续深化的基础，也是保证现场按时保质完成施工作业的关键。为了促进BIM应用落地，本节按照深化流程，梳理各里程碑节点的重点关注内容，同时也针对性地梳理了部分机电深化过程中的综合协调原则（详见附录7）。

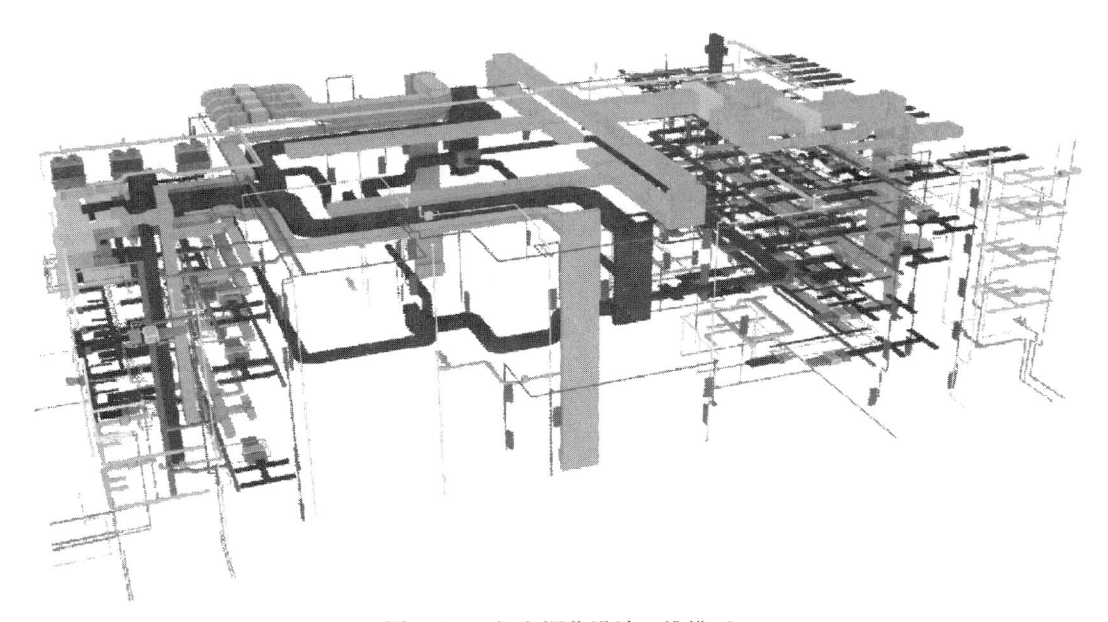

图6.6-1 机电深化设计三维模型

6.6.1 工作任务详解

（1）制定管线排布方案

1）了解项目数据

在正式优化之前BIM机电工程师应充分了解项目基本数据信息。例如：结构形式（有梁、无梁、密肋梁）、有无找坡、梁跨度、降板区、层高、梁高、水暖电管线最大尺寸、防火卷帘尺寸（单侧包厢、双侧包厢）等一系列对净高有影响的因素。而针对精装项目除了以上数据外，还应考虑装饰数据，如吊顶预留空间、艺术造型、墙面、地面、百叶、末端点位等，避免在一次机电深化时未预留装饰安装空间，导致返工。

2）明确净高要求

由于不同项目各区域净高要求不同，在制定管线排布方案前，BIM机电工程师需向项目委托方明确项目各区域的净高要求，通常需明确的区域可参考表6.6-1。

明确项目不同区域净高要求，通常有两种情况：

① 项目委托方明确各层各区域净高值（净高值一般为所有工序完成后净高，注意扣除未在模型中体现的各项高度，详见室内净高控制数据公式）。

② 项目委托方未明确净高要求时，各区域净高要求参考各类净高规范的净高极限值，如《住宅设计规范》GB 50096—2011、《车库建筑设计规范》JGJ 100—2015、《商店建筑设计规范》JGJ 48—2014等，常规项目各区域净高控制数据可参考表6.6-1所示。在净高

控制数据基础上，BIM 机电工程需针对性地分析各区域的净高数据，尽可能地提升净高，注意各区域的净高数据需与项目委托方进行反馈确认。

各区域净高控制数据 **表 6.6-1**

控制区域		净高控制（mm）	层高（mm）
楼层	位置		
B2	车道区域	满足使用要求≥2400	3600
	车位区域	满足使用要求≥2200	
	汽车坡道	满足使用要求≥2400	
	楼梯间前室、楼梯间、非精装区域走道	满足使用要求≥2200	
	库房	满足使用要求≥2400	
	设备机房	满足使用要求≥2400	
	卫生间	2400	
	电梯前室	2400	
B1	车道区域	满足使用要求≥2400	5400
	车位区域	满足使用要求≥2400	
	汽车坡道	满足使用要求≥2400	
	楼梯间前室、楼梯间、非精装区域走道	满足使用要求≥3000	
	商业	满足使用要求≥3300	
	商业走廊、商业电梯厅	满足使用要求≥4000	
	商业室外过廊	满足使用要求≥4000	
	库房	满足使用要求≥2400	
	设备机房	满足使用要求≥2400	
	卫生间	满足使用要求≥3000	
	电梯前室	满足使用要求≥3000	
1F	商业	满足使用要求≥4500	6000
	商业走道、电梯厅	满足使用要求≥4500	
	办公区域	满足使用要求≥2800	
	大堂	满足使用要求≥9000	
	非精装走道	满足使用要求≥2400	
	设备机房	满足使用要求≥2400	
	卫生间	满足使用要求≥2400	
……	……	……	……
NF	办公	满足使用要求≥2800	3500
	办公走廊、电梯厅	满足使用要求≥2600	
	卫生间	满足使用要求≥2400	
	电梯楼梯间前室、楼梯间、非精装区域走道	满足使用要求≥2400	
	设备机房	满足使用要求≥2400	

为保证室内净高满足净高控制数据要求，通常要考虑影响室内净高的因素，包括项目的层高、梁板高度、机电安装高度、吊顶做法、地面做法、安装误差，室内净高控制数据公式如下：

净高＝层高－梁板高度－机电安装高度－吊顶做法－地面做法－安装误差

净高控制数据公式中各数值的确定方式如下：

① 层高和梁板高度，由项目设计本身决定。

② 机电安装高度，需通过该项目的机电管线排布方案来决定，比如商业综合体中机电安装高度建议控制在700mm以内（包含支架高度），水暖电管线最大设计高度建议为风管500mm、消防水管150mm、桥架200mm，并注意管线保温层的考虑。

③ 吊顶做法，当装饰吊顶无造型时，吊顶高度考虑180mm（灯具高度165mm＋散热及安装高度15mm）；当装饰吊顶有造型时，吊顶高度根据装饰造型确定，建议不超过300mm。

④ 地面做法，地面装饰做法建议高度考虑60mm（面材20mm，干铺水泥砂浆找平层40mm）（图6.6-2），具体地面做法根据建筑及装饰图纸确定。

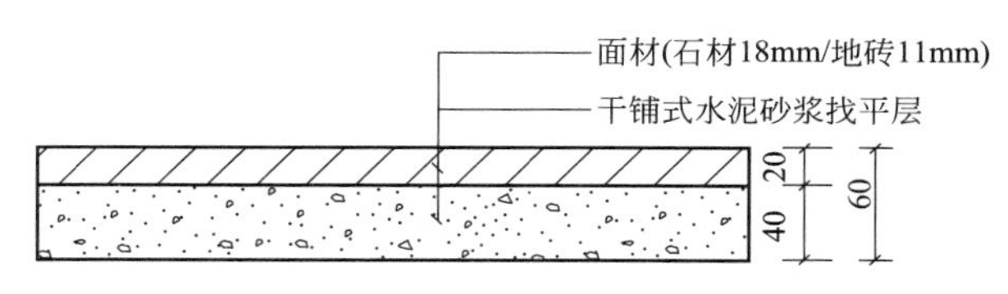

图6.6-2　地面装饰做法

⑤ 安装误差，建议考虑50mm。

3）拟定管线排布方案

管线排布方案拟定需考虑成本、净高、美观、安装空间、检修空间等因素（图6.6-3），一般可通过以下两种方式确定：

① 项目委托方明确各专业管线标高，BIM机电工程师依据项目委托方管线排布方案，结合项目数据和净高要求，复核排布方案，针对有疑义的区域与项目委托方双向确认达成一致；

② BIM机电工程师根据了解到的项目数据和净高要求，结合项目特征，对各区域净高进行反复推敲校核，拟定相应的管线排布方案，并与项目委托方进行双向确认，避免造成生产事故。

管线排布方案在与项目委托方确认达成一致后，BIM机电专业负责人应第一时间在项目实施团队内公布，以保证项目各区域管线排布原则一致，避免BIM机电工程师出现不同管线排布思路。

（2）管线平铺

管线排布方案中已大致明确了各专业管线标高，BIM机电工程师需根据上中下层的管线分布和管线间距控制原则（详见附录8，管线间距可根据项目特征及项目委托方要求进行调整），在管综模型中进行管线平铺调整。在管线平铺调整过程中，需注意管线与墙柱、门窗、洞口等土建构件间的间距；水暖电专业间管线的间距；水暖电专业内管线的距离；综合支架（抗震支架）管线间的间距；安装、检修间距等。以及管线不能与土建主体

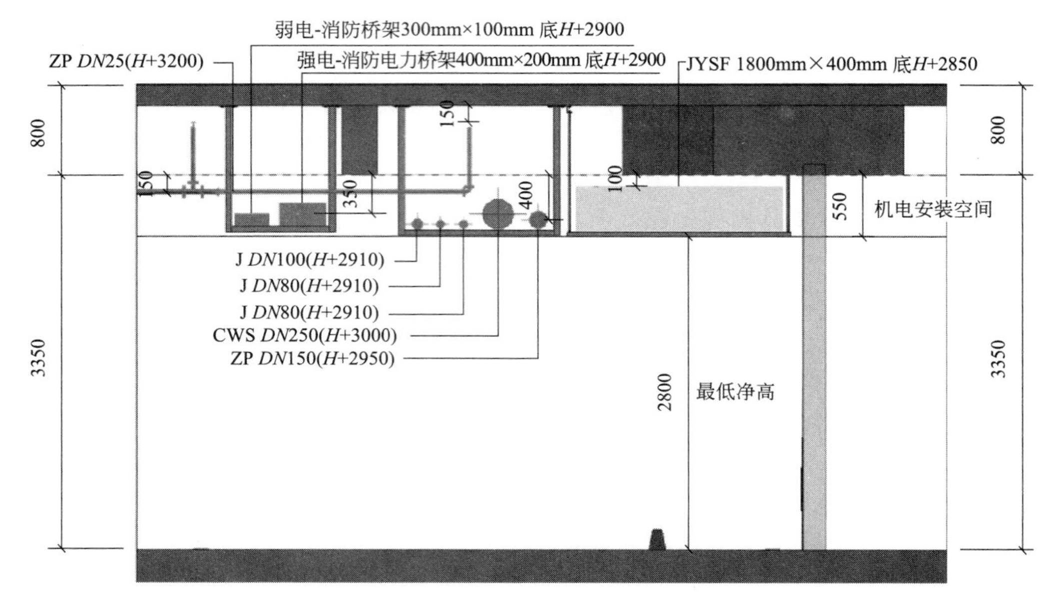

图 6.6-3 管线竖向排布方案

（结构柱、剪力墙、人防墙等）碰撞；管线平铺要整齐、美观（尤其是项目委托方关注的区域）；复杂区域管线多，空间狭小时，可考虑管线多层排布（图 6.6-4）。

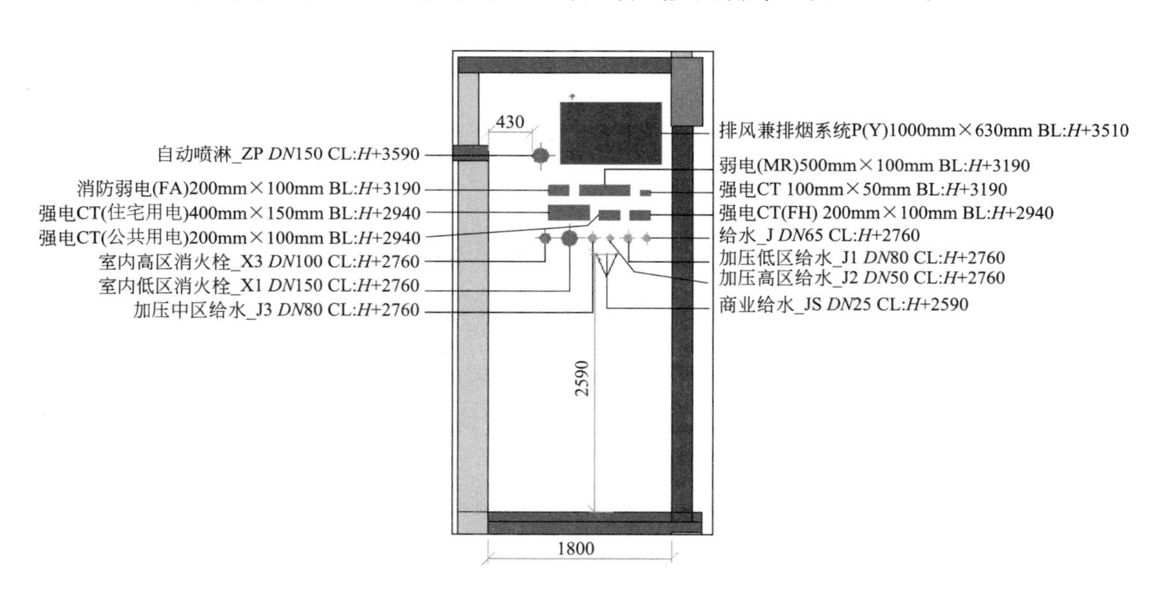

图 6.6-4 管线多层排布

管线平铺过程会出现局部反复调整的情况（图 6.6-5），若在后续管线标高调整及翻弯优化时，发现前期管线平铺不满足现行条件，可综合评估后对该局部区域管线再次进行平铺调整，直至满足所有条件。

考虑机电管线平铺的重要性，本书梳理出机电管线平铺调整顺序及注意事项，供借鉴和参考。

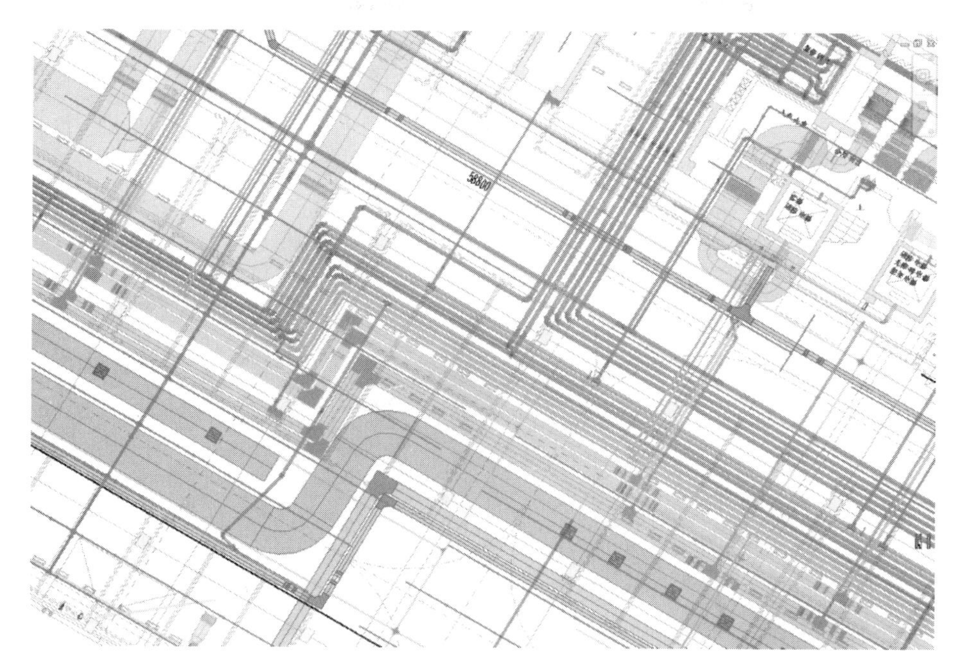

图 6.6-5　复杂区域管线平铺

管线平铺调整注意事项：

① 建议从机房出口或管井出口开始梳理管线，避免交叉（图 6.6-6）。

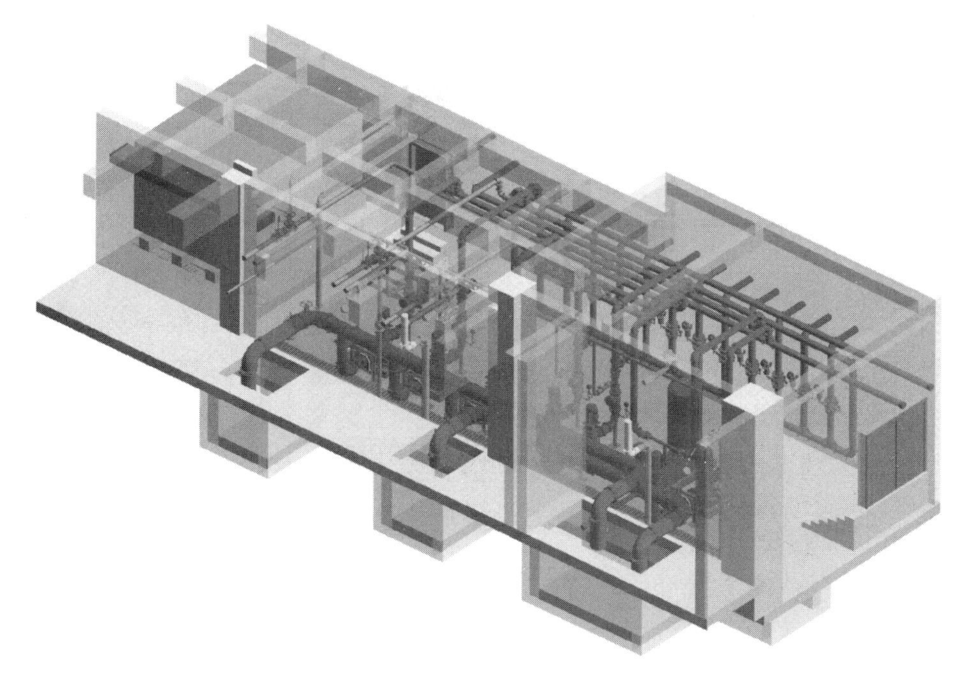

图 6.6-6　报警阀间管线布置

② 从节约成本、提高品质等关注点优化管线路由，管线应尽量拉直处理，减少管件，特殊情况可考虑管线穿梁，若不满足穿梁则考虑绕行，如：管线穿越防火卷帘时，若空间

不足，桥架需穿梁敷设；若无法满足穿梁，管线绕行避让防火卷帘（图 6.6-7）。

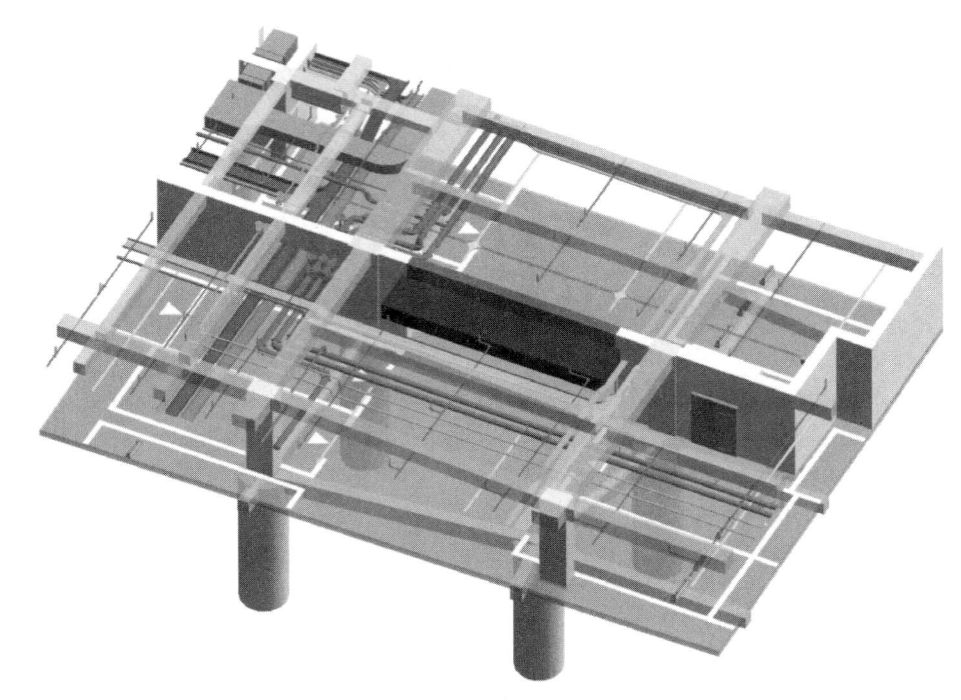

图 6.6-7　管线绕行防火卷帘

③ 针对地下车库，在满足净高的条件下尽量将管线布置在车位上，进而提升车道观感（图 6.6-8）。

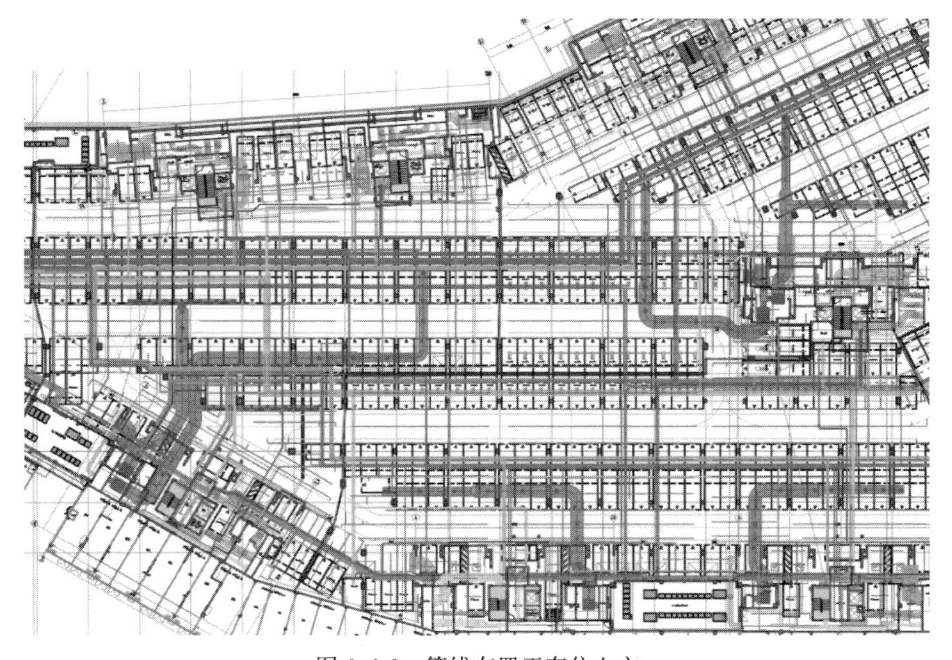

图 6.6-8　管线布置于车位上方

④ 水系统管线不允许进入电气用房，如：高低压配电房、控制室、电梯机房等。

⑤ 风管和较大的母线桥架，一般安装在喷淋支管下方。

⑥ 电气桥架不应穿越楼梯间、空调机房、水井、风井。

⑦ 相似区域管线布置应尽量统一，如各塔楼入户区域。

机电管线平铺调整顺序建议为：消防喷淋系统→暖通系统→电气系统、消防给水排水系统、生活给水和生活排水系统。

1）消防喷淋系统

考虑消防喷淋系统是最先开始施工的系统，在管线平铺时，一般先对喷淋系统进行调整（常规项目消防喷淋系统设置在管线最上层），调整时尽量将喷淋系统主管设置在梁间，且与梁距离至少控制200mm，便于其他管线翻弯美观（图6.6-9）。

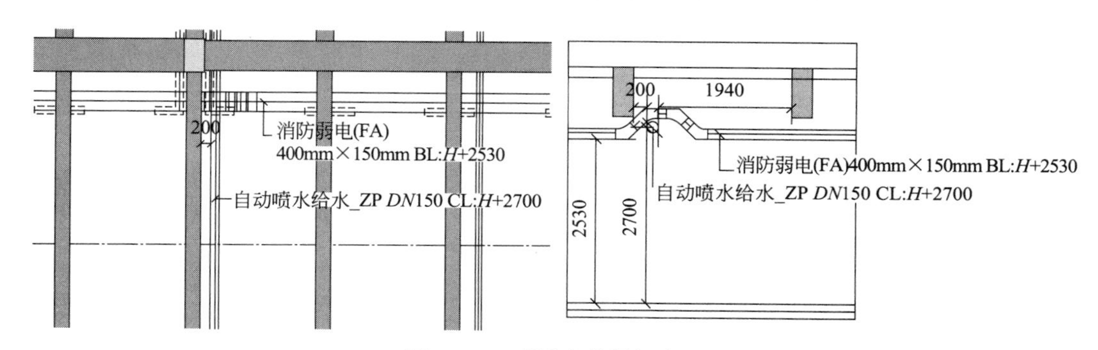

图6.6-9 喷淋主管梁间布置

2）暖通系统

本节暖通系统主要指的是防排烟系统、空调风系统。地下车库防排烟风管须设置在车位上方，特殊项目除外（车位不属于公共空间）；其他楼层区域尽量将风管设置于次梁间，便于后期利用梁窝翻弯，且考虑到美观性，最好选择占用后期人员活动较少或较隐蔽的空间。

结合项目实践梳理了暖通系统管线平铺时的注意事项：

① 侧排风口与遮挡物（管线、墙体）之间至少预留500mm间距。

② 上排风口上方不能有遮挡物（管线、结构框架），且尽量布置在梁窝中心，风口中心距梁边应至少满足1000mm（图6.6-10）。

③ 管道的外壁、法兰边缘及热绝缘层外壁等管线最突出的部位，距墙或柱边的间距应≥100mm。

④ 风管应尽量布置于商铺内，避免布置在中庭及外街。若风管确需布置于中庭走廊处，中庭走廊外侧需预留防火卷帘空间（单、双轨）至少500mm（图6.6-11、图6.6-12）。

⑤ 风管移动时须对风口覆盖范围进行校核（例如：防排烟系统防烟分区内的排烟口与最远点的水平距离不超过30m），且勿跨防火分区。

3）电气系统、消防给水排水系统、生活给水和生活排水系统

①平铺桥架时要考虑桥架放线空间（三列及以上的桥架需预留300mm放线空间），且强弱电分开布置（图6.6-13、图6.6-14）；

图 6.6-10　上风口距梁边大于 1000mm

图 6.6-11　风管布置于中庭走廊

图 6.6-12　施工现场

图 6.6-13　成排桥架平铺

图 6.6-14　施工现场

② 共用支吊架桥架平铺时，桥架边与边的间距保持一致，共用支吊架的多个桥架水平变径处理方式：桥架水平变径时，两个桥架间距需保证不变，采用偏心处理，提高放线及检修空间，节约支架（一般通过最大宽度的两个桥架确定间距同时将“水平对正”修改为左/右对正，此情况在深化时需提前与项目委托方确认是否采用此形式），如图 6.6-15 所示。

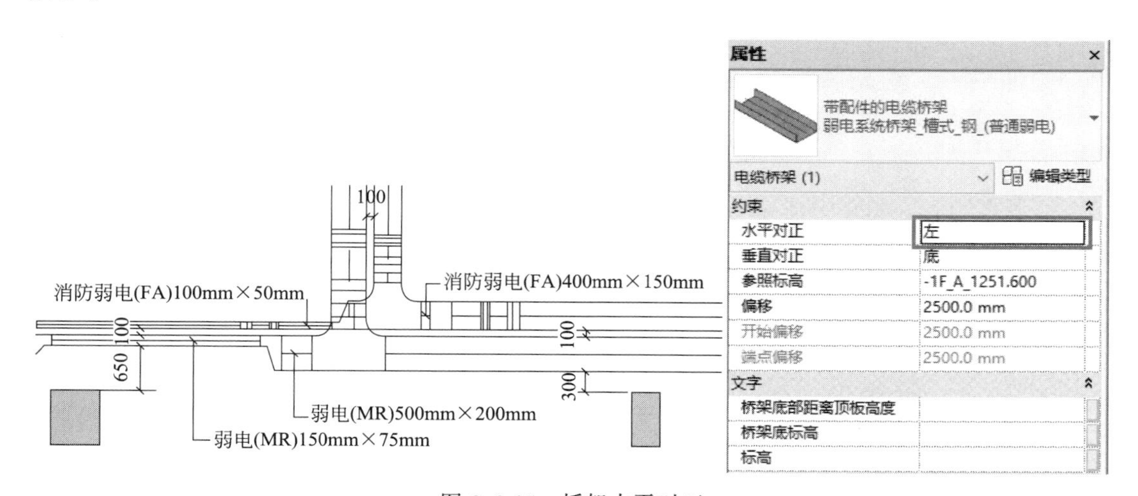

图 6.6-15　桥架水平对正

（3）管线标高及坡度调整

由于管线排布方案只是约束和统一各专业管线大致的标高，在完成管线平铺后，需要进一步对管线竖向标高及坡度进行调整，每根管线的具体标高需根据该区域结构形式、主次梁关系、梁高度、管线分布情况、管线尺寸及净高要求等因素进行相对灵活处理，如管线少的区域管线标高应尽量提高，不能完全按照管线排布原则的规定标高一调到底，同时类似管线布置区域管线标高要统一，不能有多个标高存在，且标高偏移量尽量控制为整数（末尾两位最好以 50 为模数）。

有些项目为了顺应地势，采取了结构板找坡方式设计地下车库。所以地下车库管线标高及坡度调整分为两种情况：

一是结构板无坡度，除重力排水管线外，其余管线均无坡度，仅调整标高即可；

二是结构板找坡（单向、双向找坡），每根管线除了调整标高外，还需调整管线坡度，且管线坡度应与该处结构板坡度一致（图 6.6-16）。

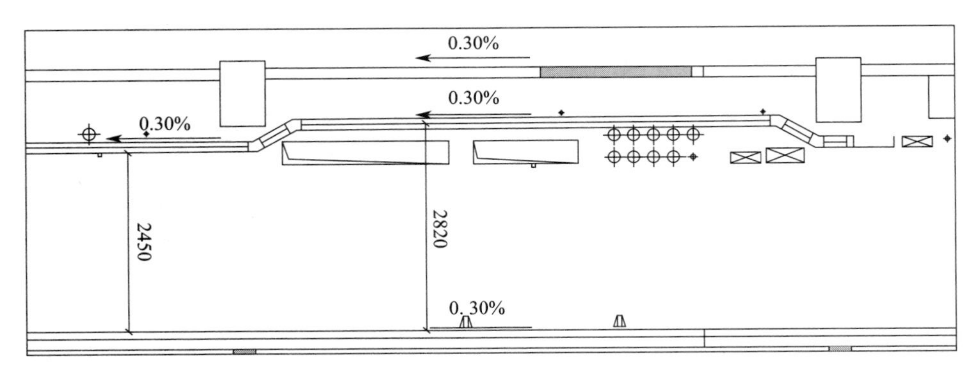

图 6.6-16　管线与结构板坡度一致

1）管线标高及坡度调整原则

①管 道均匀、平行敷设时，成排管线管底标高相同，便于共用综合支架（图 6.6-17）；

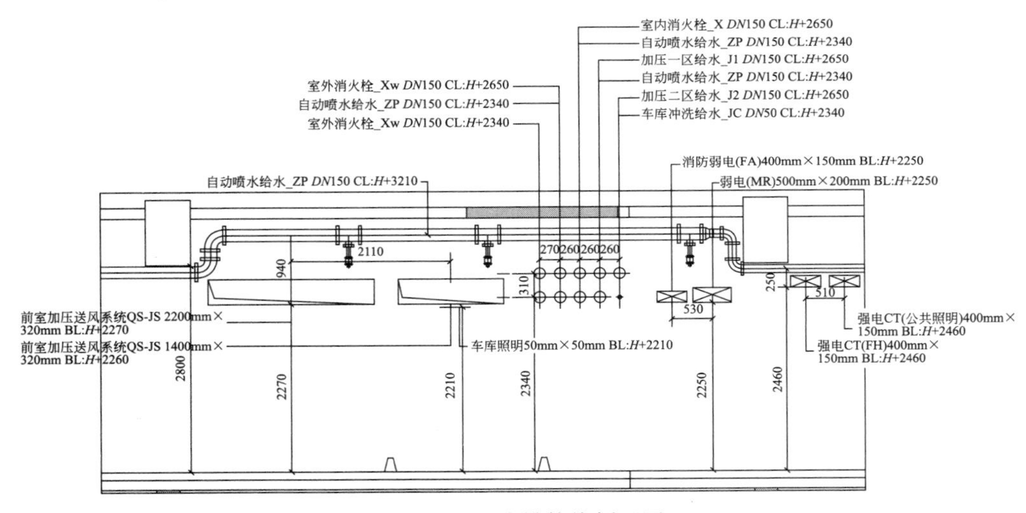

图 6.6-17　成排管线剖面图

② 冷凝水管从风机盘管至水平干管坡度不小于 1%～2%，冷凝水干管应按排水方向做不小于 0.8%的下行坡度，吊顶的实际安装高度通常由冷凝水的最低点决定。

2）管线标高调整顺序

管线标高调整顺序需参考拟定的管线排布方案，从上至下进行调整，常规为：重力排水系统→消防喷淋系统→暖通系统→电气系统→其他给水系统，且最好按结构形式划分区域调整。

在调整管线标高时，常借助剖面视图和参照平面对管线标高进行调整。暖通、给水排水、电气专业内管线标高对齐原则如下：

① 暖通专业：管道中心对齐；若无梁楼盖风管高度有变化时，采用底部对齐。

② 给水排水专业：管道中心对齐。

③ 电气专业：桥架底对齐；桥架变径时，底对齐处理方式为桥架高度改变时桥架底对齐，保持桥架底在同一标高（在绘制桥架时注意将“垂直对正”选择底部对齐）（图 6.6-18）。

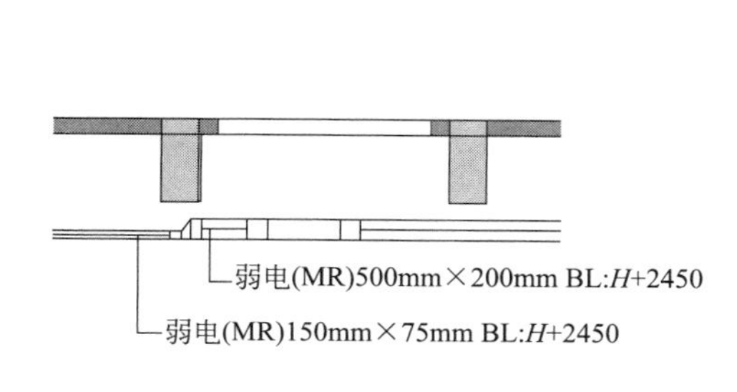

图 6.6-18　桥架垂直对正

在管线标高调整过程中，常常会发现净高不够，遇到此类情况时可通过调整管线路由以及压缩风管高度以满足净高要求。风管高度压缩时注意复核风管风速和宽高比例，通常空调、通风风管主风管设计风速在 6～8m/s，排烟管在 15m/s，排烟补风设计在 10m/s 以内，而且风管宽高比以不大于 4 为宜。

（4）碰撞调整

在管线平铺和标高调整后，BIM 模型还存在软碰撞、硬碰撞，需要对管线软、硬碰撞进行调整。

软碰撞是指实际并没有碰撞，但间距和空间无法满足相关施工要求（安装、检修等），硬碰撞是指实体与实体之间交叉碰撞。典型软、硬碰撞问题如下：

1）软碰撞。管线未考虑保温层导致空间不足，安装、检修预留空间不足等。

2）硬碰撞。管线与建筑、结构构件（门、窗、楼梯、梁、柱、剪力墙等）的碰撞，对于结构构件（梁、柱、剪力墙等）与管线的碰撞除提前预留洞口且洞口满足规范要求外，其余碰撞均需调整；管线自身碰撞，即水暖电专业内和专业间的碰撞，这种碰撞须遵循一定规则进行翻弯避让，可参考附录 7。

注意翻弯节点的处理（标高、角度、形式等），具体翻弯注意事项如下：

① 同一位置，管线翻弯层数不超过三层。

② 电气桥架和水管避让风管，电气桥架避让水管（图 6.6-19、图 6.6-20）。

③ 管线不能连续翻弯。

④ 成排管线翻弯高度、形式、角度应一致（图 6.6-21）。

⑤ 暖通风管尽量不翻弯，确需翻弯，以 45°、30°的形式翻弯。

⑥ 给水排水专业水管通常以 90°形式翻弯，条件不允许时则采用 45°、30°（图 6.6-22、图 6.6-23）；重力排水管（重力雨水、废水、污水、冷凝水）禁止翻弯；虹吸雨水管应顺水流方向且不能上翻，管道不能呈上“凸”和下“凹”状。

图 6.6-19　桥架、水管避让风管

图 6.6-20　施工现场

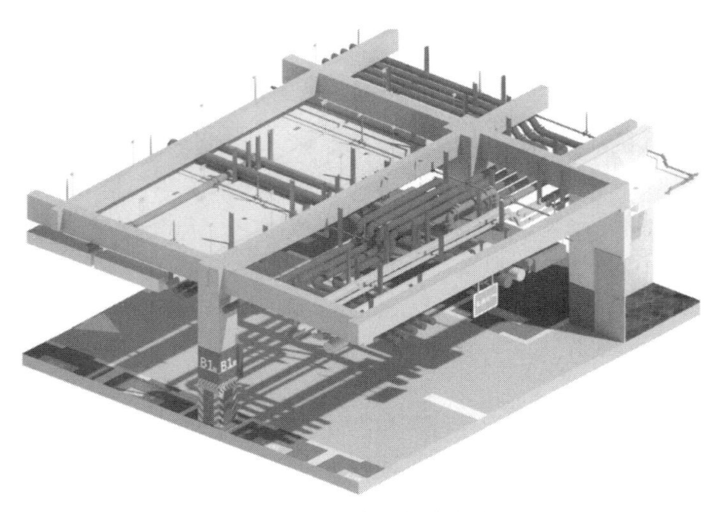

图 6.6-21　成排管线翻弯

图 6.6-22　给水排水管道 90°翻弯

图 6.6-23　施工现场

⑦ 电气桥架通常以45°、30°的形式翻弯，禁止直角弯，母线槽尽量不要翻弯。

⑧ 翻弯角度优先级：水管90°>45°>30°，风管及桥架45°>30°。

⑨ 翻弯时尽量不采用下翻，若下翻需圈注与项目委托方进行说明。

⑩ 暖通冷冻供回水水管禁止上翻，且管线起始点要比端点低。

（5）管井深化

常见的管井有排烟井、排风井、正压井、新风井、水管井、强电井、弱电井、电梯井等。管井空间狭小、管线多，BIM机电工程师通常需对其进行深化，在深化管线时应当充分考虑其施工可行性、施工工序特点、操作空间、检修空间等，保证其安装固定装置、管路附件设备的合理布置，提前排除管井内管线施工、检修及运维使用问题，减少现场返工，提升现场管理效率。其中水管井、强电井、弱电井主要包括的管线及设备如表6.6-2所示。

管井管线及设备 **表6.6-2**

管井类型	管井管线及设备
水管井	自来水管、排水立管、排污立管、消防立管、喷淋立管、喷淋末端排水立管、空调供水管、空调回水管及空调冷凝水管等
强电井	强电桥架、母线及楼层配电箱等
弱电井	弱电桥架等

管井深化流程及深化原则如下：

1）管井位置确定

管井位置确定不仅直接影响本专业管线布置，而且还会影响建筑布局与有效空间的利用，在管井深化前，首先应对管井位置进行确定，对布置不合理的管井位置应及时与建筑专业设计师反馈。管井布置位置要求如表6.6-3所示。

管井布置位置要求 **表6.6-3**

管井类型	管井布置位置要求
空调水暖井	1. 一个防火分区尽量布置一个及以上水暖井，水暖井作用半径根据空调水管异程连接保证不平衡率在15%以内为原则，小于30～40m作用半径为宜； 2. 管井要布置在公共区域，为方便后期检修不影响其他用户，千万不要布置在小商铺里面； 3. 尽量布置在楼梯间附近，以方便上下贯通； 4. 水管井尽量布置在整个服务区的中心位置，以减少空调水管、给水排水管道作用半径，减少水泵扬程，减小不平衡率； 5. 尽量不要占用使用空间，以保证建筑面积的有效利用； 6. 利用建筑边角料等不规则位置作为管井位置
空调通风及防排烟竖井	1. 一个防火分区尽量布置一个及以上空调通风与防排烟竖井； 2. 尽量布置在楼梯间附近或靠近楼梯间布置，以方便上下贯通； 3. 空调通风及防排烟竖井尽量布置在整个服务区的中心位置以减少风机扬程、耗电量、风管尺寸及漏风量； 4. 尽量不要占用使用空间，以保证建筑面积的有效利用； 5. 利用建筑边角料等不规则位置作为管井位置； 6. 新风井尽量与排风井距离大于10m

2）管井内系统梳理

在管井管线布置前，BIM机电工程师应明确管井的大小尺寸，并根据二维系统原理图，梳理管井内的立管数量、立管穿越的楼层、立管与各楼层哪些支管连接等。

3）管井复核

在梳理管井内管道系统后，复核管井上下是否有错位现象、管井内是否有梁（尤其是风井内），避免机电管线与梁冲突（图 6.6-24）。由于管线数量、尺寸、设备等会影响管井空间，水电井、强弱电井还应对管井空间进行复核，对确实无法进行安装的管井，需及时与建筑专业设计师沟通，确保管井安装及检修的可行性。

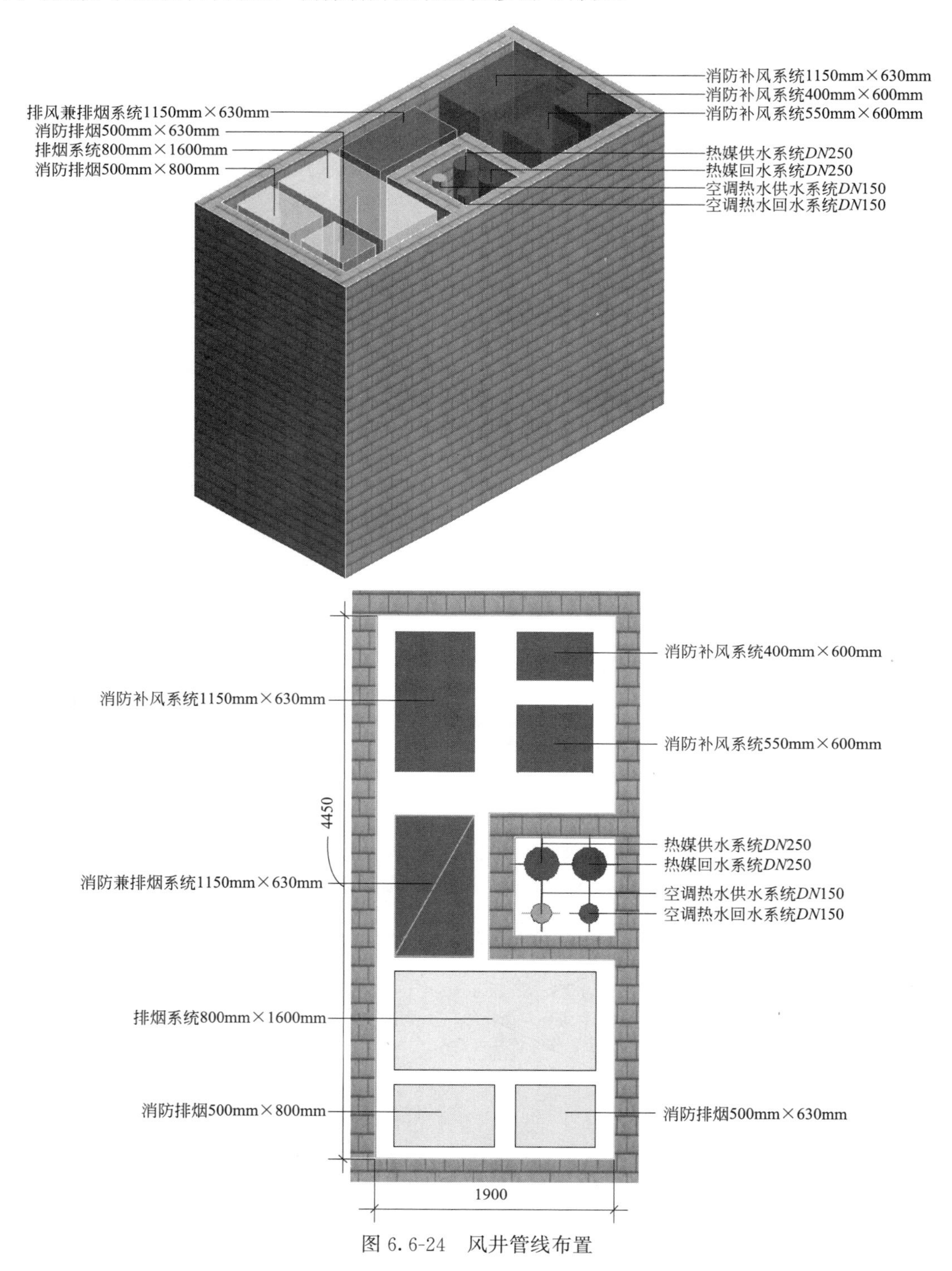

图 6.6-24 风井管线布置

4）管线布置

在对管井内管线布置时，需考虑系统原理、成本、净高、美观、安装空间、检修空间等因素，一般情况，管道的布置应尽量靠墙、靠柱、靠内侧布置，尽可能留出较多的安装、检修空间。

水管井布置原则：

① 管道穿楼板、墙时，应预留弯头等管件安装空间；

② 立管深化排布时，应考虑水表等附件的安装位置；

③ 层高 $h \leqslant 4$m 时，给水立管支架每层设置一个，支架安装位置距管井建筑地面 $H=$ 1300mm；

④ DN100 的 UPVC 排水立管支架，层高 $h \leqslant 4$m 时，每层设置一个，支架安装位置在立管中间。

水井深化时，在安装、维修空间满足的条件下，尺寸大小相同或相近的管线应尽量成排布置，便于统一设置支吊架，节约支吊架成本；对于不接支管的立管、尺寸较大及不需要经常维修的管线布置在管井内侧，尽可能预留更多的安装和维修空间（图 6.6-25），其中排布有支管的管道时要考虑支管连接空间。

管井立管上通常会安装各类阀门、补偿器、检查口、温度计、压力表等管道附件，通常管道附件外形尺寸会比管道尺寸更大。在管井管线布置时，必须考虑管道附件大小，预留合理的安装、检修空间，为方便工作人员抄表及开关阀门，管道附件应尽可能靠外布置，以便操作、检查与维修。对于较宽敞的管井，同类管道附件应成排布置且尽量控制在同一标高；对于较狭窄的管井，同类管道附件可间隔错开布置成两排或多排，保证两个或多个标高。

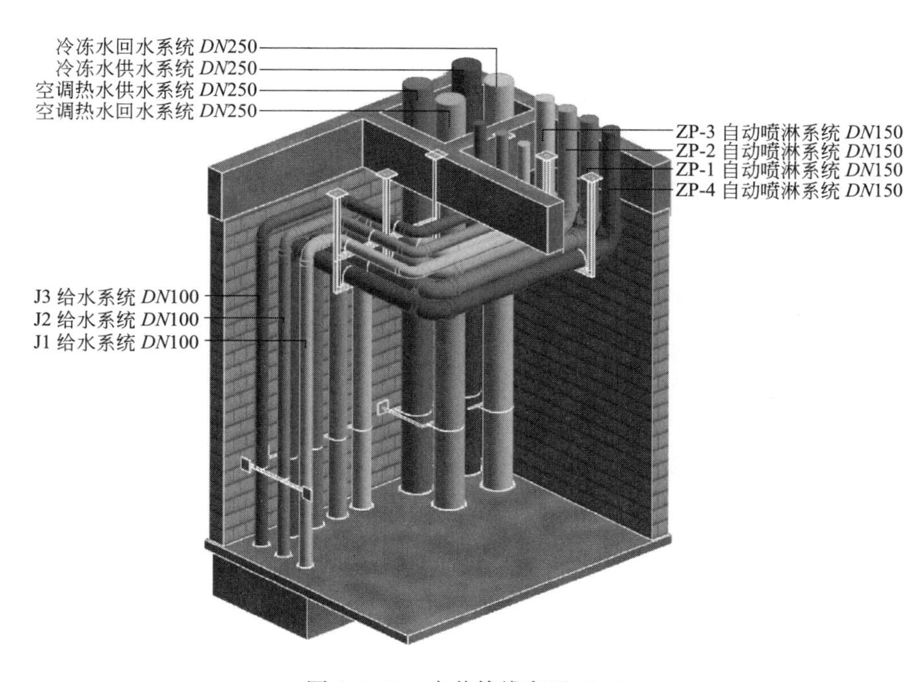

图 6.6-25　水井管线布置（一）

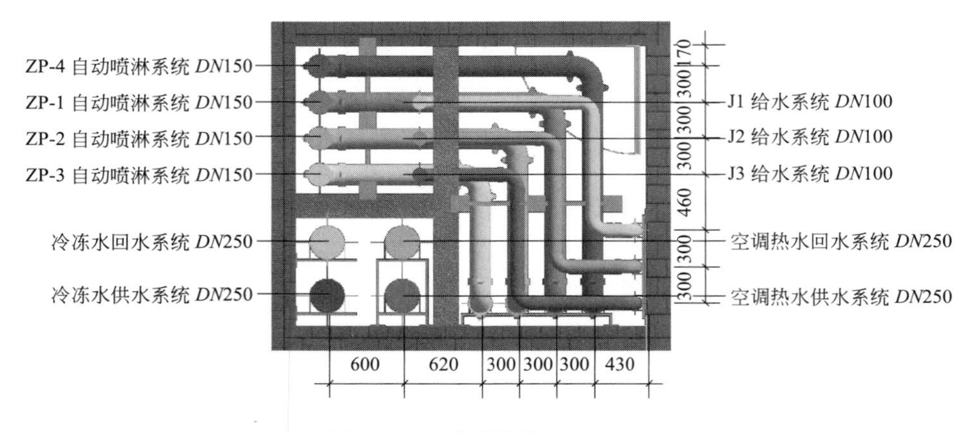

图 6.6-25　水井管线布置（二）

强弱电井布置原则：

①电井中桥架、母线穿楼板处，洞口边设置高度 100mm 挡水反坎（图 6.6-26）；

②操作不频繁的配电箱（T 接线箱、中转箱）置于上层，频繁操作的配电箱置于下层；

③落地配电箱距墙 50mm，便于井壁四周接地母线敷设（图 6.6-26）；

④母线插接箱底部标高一致，建议距地 1.6m 安装，方便操作；

⑤竖向梯级桥架距墙不小于 150mm，便于桥架安装及电缆绑扎；

⑥配电柜体前方应保证箱门开启 90°的空间；若空间不足，建议箱门设置为双开。

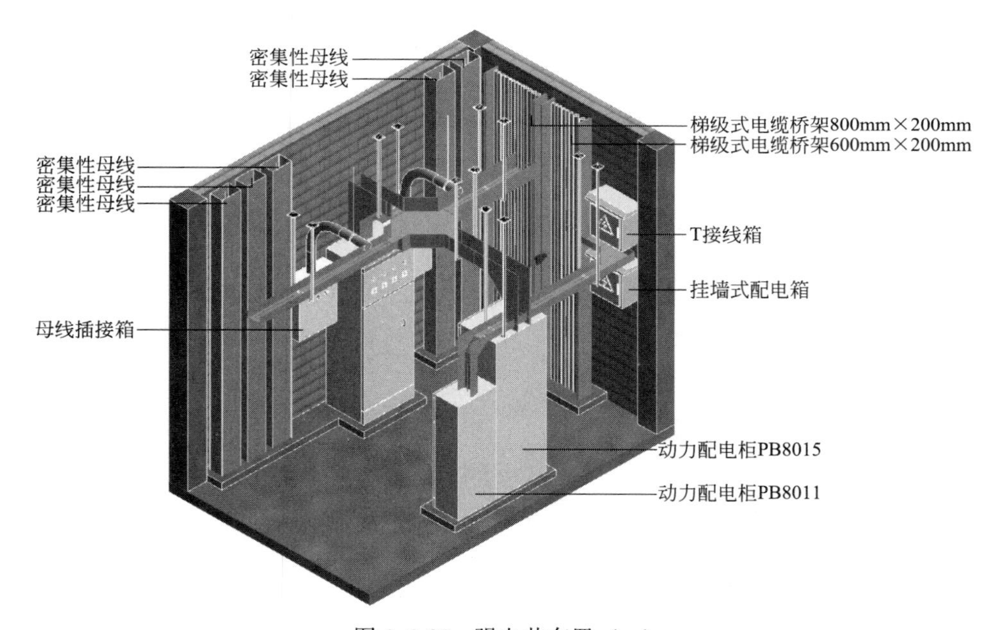

图 6.6-26　强电井布置（一）

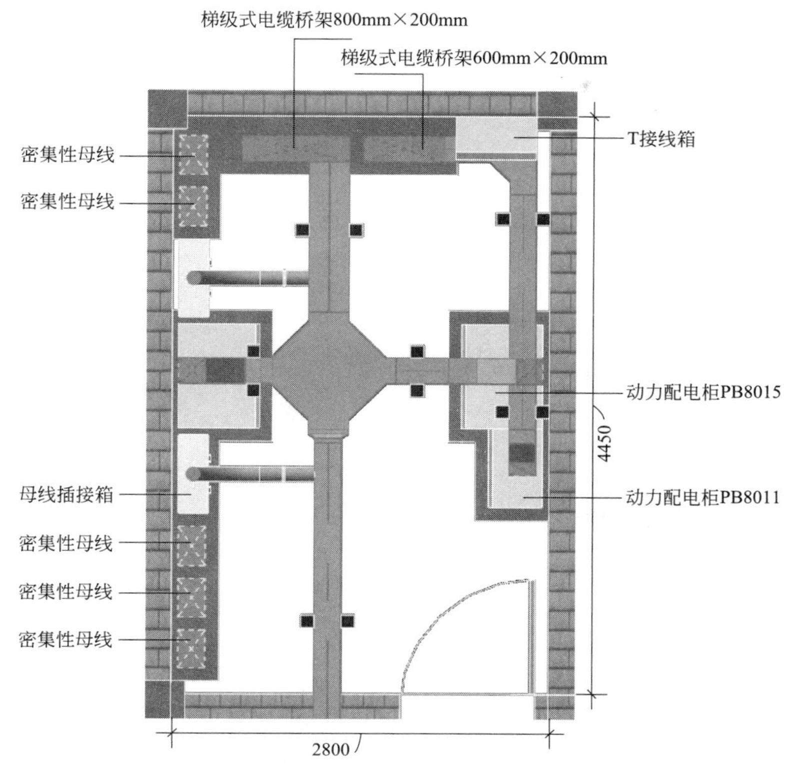

图6.6-26　强电井布置（二）

（6）机房深化

由于机房的设备多、机电管线复杂、布置空间有限，作为项目委托方重点关注区域，BIM机电工程师需着重对机房设备、管线进行全面梳理及优化，使其满足施工安装及运行维护要求。各专业机房主要包括：

1）暖通专业：防排烟机房、空调机房、制冷机房、锅炉房等；

2）给水排水专业：生活水泵房、消防水泵房、热交换间、报警阀间、隔油间、雨水回用机房等；

3）电气专业：开关站、用户站、强电间、柴油机房、进线间、消控中心、弱电间、通讯机房、网络交换机房等；

4）电梯专业：电梯机房。

机房内管道规格较大，且需要与机电设备进行连接。机房深化时BIM机电工程师需要考虑设备的运输路线、吊装口、施工工序、设备基础、预留预埋、机房内支架形式、机房空间大小、施工与安装空间、使用与检修等因素，根据机房的平面图纸和大样图纸进行综合管线排布，尽量把能够成排布置的管线成排布置，并合理安排管道走向，减少管道在机房内的交叉、翻弯等现象。

机房深化流程与管井深化流程相似，首先需对机房位置进行确定，然后基于机房平面图、大样图、系统原理图明晰系统原理及梳理机房管线，并根据机房管线布置原则，调整机房内的设备、管线、基础、预留预埋等。本书梳理总结了以下几点机房深化的建议，供借鉴和参考。

1）机房管道尺寸较大，为提升空间，主水管尽量单层布置，也便于整体支架设置；

2）机房设备定位、管线排布预留行走及检修通道，便于维护管理；

3）机房其余管线设置于主水管之上，利于机房管线接驳设备；

4）排布管线时要考虑出入口的管线能否合理连接（一般情况下，机房出入口的接口位置需考虑阀门、仪表等需要的安装空间）；

5）水泵成排安装时，供、回水管及阀门应分别安装在一条线上，且相同水泵的阀门安装于同一高度，阀门间短管长度为150～300mm，相同水泵短管长度相同（图6.6-27）；

图6.6-27 消防泵房水泵成排安装

6）为方便后期检修及排污，过滤器安装位置宜距建筑地面1300～1500mm；

7）卧式水泵安装时需设置减震台座，台座的重量与水泵的运行重量相匹配；

8）落地支架成排成线，冷冻水弯管支撑采用防冷桥措施，支架底部设护墩保护；

9）在管线布置合理的情况下需考虑安装托架、吊架承重效果和该位置安装是否方便；

10）机电管线穿越结构构件，其预留洞口或套管的位置、大小必须保证结构安全。

（7）支吊架深化

在各区域管线深化完成后，还需对管线进行支吊架结构形式及布局优化布置。支吊架深化过程中，通常会出现两种情况：一是管线预留间距充足，满足支吊架安装空间；二是管线预留间距不足，不满足支吊架安装空间，此时需重新调整管线排布，直至满足支吊架安装空间要求。支吊架深化流程及原则如下：

1）支吊架深化流程

①复核预留管线间距是否满足支吊架安装空间，各系统预留管线支架间距详见《通风与空调工程施工质量验收规范》GB 50243—2016、《建筑排水金属管道工程技术规程》CJJ 127—2009、《建筑电气工程施工质量验收规范》GB 50303—2015、《消防给水及消火栓系统技术规范》GB 50974—2014等；

②根据管线布置初步确定各类吊架位置和排布间距，使支吊架横竖成排成线，美观整齐；

③计算吊架内的管道数量，进行吊架荷载计算复核，测算出吊架的横担截面和埋件大小；

④在一次机电深化模型基础上，进行支吊架布置（图 6.6-28）。

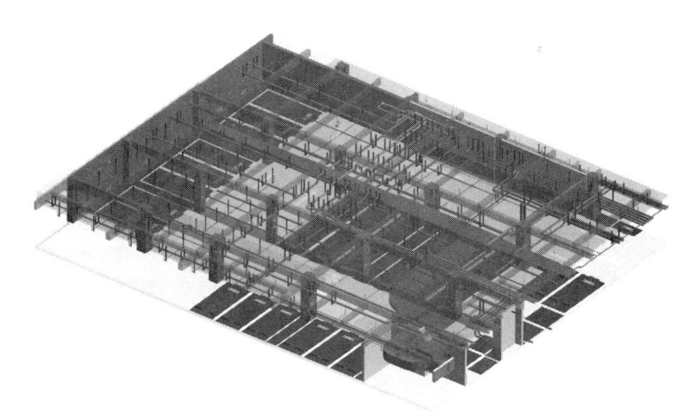

图 6.6-28　支吊架布置

2）支吊架深化原则

①支吊架设计必须遵循最大间距排布要求；

②支吊架平面布置时应错开管道连接点及分支点；

③对墙上设有阀类设备，如泄压阀等，应考虑支吊架的布置是否影响阀的开启空间；

④大管道（直径不小于 300mm）水平管道转到竖向管道处增加立杆支撑；支吊架的立杆与墙间距需至少保证 100mm；

⑤提前考虑管道在支吊架上的固定方式，如管卡、保温管卡、管束等；

⑥直径在 300mm 以上的大型管道支吊架，在出机房、横穿车道、管线转弯等处，必须优先采用落地支架；当不具备设置落地支架条件时，必须在梁两侧同时设置支吊架或在柱间增设钢托梁（图 6.6-29）。

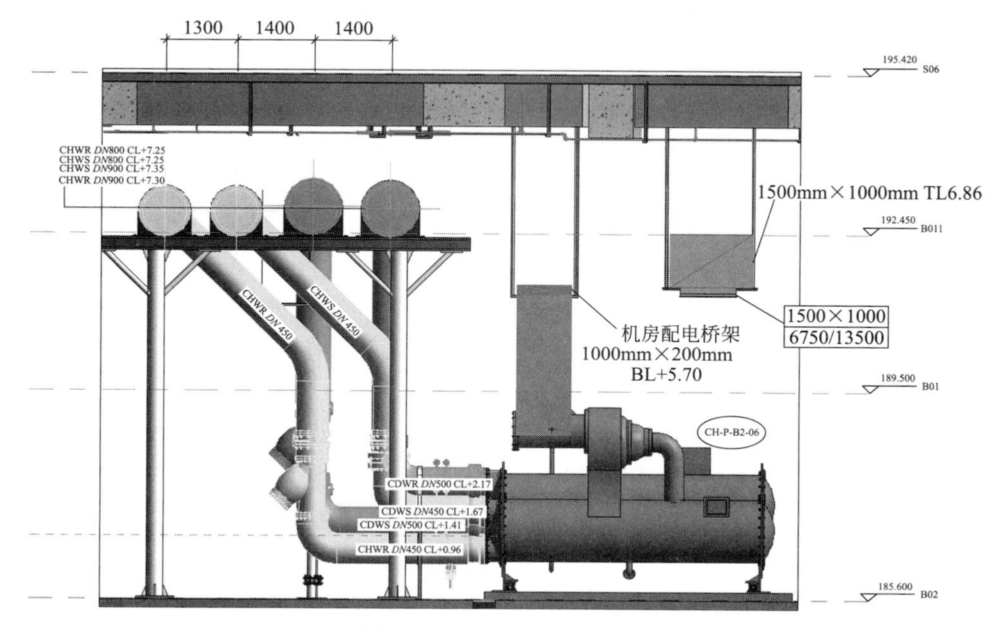

图 6.6-29　机房大管道支架

在支吊架布置时，原则上水、暖、电各专业间不共用支吊架，但特殊情况下可考虑设置综合支吊架，减少支吊架的数量，节约成本，最大限度地节省空间（图 6.6-30）。在以下情况可考虑设置综合支吊架：

①单根水管与风管或桥架距离少于 300mm，且底标高相同；

②水管与风管或桥架处于上下层布置时，且风管和桥架未与其他管线共用支吊架；

③风管与桥架仅考虑上下层共用，且管线之间的垂直距离应满足规范要求；

④水管成排布置尽量采用综合支吊架。

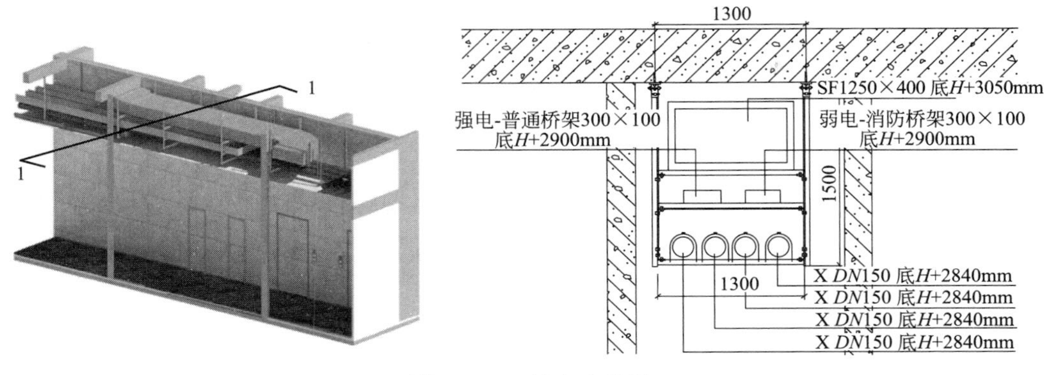

图 6.6-30　综合支吊架

考虑各专业综合支吊架布置原则不同，本书结合项目实际经验，梳理了水暖电各专业在综合支吊架布置时的建议布置方案。

1）暖通专业

①若两根风管平行布置且底标高相同，风管总宽度（含风管间距离）不大于 2000mm 时，两根风管可共用支吊架；大于 2000mm 时，则分别设置支吊架。

②为保证送排风效果，应避免风管上下层布置；在管线交叉口处，翻弯风管增设一个支吊架。

③风管按 1500mm 进行管道分段，每隔 3000mm 设置一个支吊架；支吊架设置位置靠近风管法兰连接处，每隔 9000mm 设置一个横向抗震支吊架，每隔 18000mm 设置一个纵向抗震支吊架。

2）给水排水专业

①综合支架上的水管根数在 2～3 根时，综合支吊架除按单根水管的标准在每段管道两端设置外，还需在两端支吊架的中点增加一个支吊架，其中支吊架选型按中型考虑。

②综合支架上的水管大于等于 4 根时，综合支吊架除按单根水管的标准在每段管道两端设置外，还需在两端支吊架间均匀布置两个支吊架，其中支吊架选型按重型考虑。

③平行排布的水管之间的距离（净距）大于 700mm，且两根水管又分别与其他管道形成了共用支吊架，此处水管布置两处综合支吊架。

④成排管线不同管径的水管做综合支吊架时，应保证保温后且加上木托后的底标高齐平，而非各水管中心齐平。

3）电气专业

①电气专业宜按照强弱电桥架分开设置综合支吊架，特殊情况需共用时，应满足强弱

电桥架间距要求。

②电缆共用上下层支吊架时，其支架间的最小距离应符合规范要求。

③电缆梯架、托盘和槽盒宜敷设在易燃易爆气体管道和热力管道的下方，配线槽盒与水管同侧上下敷设时，宜安装在水管的上方；与热水管、蒸气管平行上下敷设时，应敷设在热水管、蒸气管的下方；当有困难时，可敷设在热水管、蒸气管的上方。相互间的最小距离符合电气规范要求（《消防给水及消火栓系统技术规范》GB 50974—2014）。

④电缆梯架、托盘、槽盒水平安装的支吊架间距为1500～3000mm；垂直安装的支吊架间距不大于2000mm。

⑤共用支吊架的桥架总宽度超过1000mm时，应适当缩短支吊架的布置距离，取1500～2000mm，并合理选择相应型号的桥架及预埋槽。

（8）成本优化

机电优化工作不仅可以从建筑空间利用率上进行优化，还应基于一次设计进行更深层次的优化。BIM机电工程师通过对设备设计参数、系统设计、设备选型等方面进行成本考量，规避项目机电专业的无效建设成本，提高建筑本身的“性价比”。

1）暖通专业

①设计参数优化

参照规范要求、项目委托方内部标准以及项目品质定位，可以对冬/夏季室内设计温度、湿度、人员密度、新风量以及各区域噪声值等设备参数进行优化调整。此部分优化，BIM机电工程师需综合考虑投资成本和使用效果，根据不同的业态形式（办公、商业、酒店以及住宅）以及需求做相应优化。

②系统设计优化

综合考虑冷冻水供回水温差对冷水机组、冷冻水泵、末端设备不同程度的消耗以及产生的运行成本，可以对温差进行优化调整。对于新风机组的设置，可以考虑设置在屋顶，通过管道井直接到达功能区，避免每层设置新风机组且占用公共面积。

③材料设备选型优化

针对冷水机组、锅炉等大型设备，需考虑同时使用率（60%同时使用率，即计算10000kW，设备选型按照6000kW来考虑）。

空调冷冻水/热水管道、冷却水管道、冷凝水管道、消防排烟管、加压送风管可以对其材质进行优化。比如：*DN*300以上冷/热水管，采用螺旋焊接钢管，冷凝水管取消金属材质，采用PVC管。

采用机械防排烟的地下车库，其新风换气量按排烟量的50%设计（《建筑防烟排烟系统技术标准》GB 51251—2017要求不宜小于50%），以减少送风机数量。风机采用价格便宜的轴流风机或混流风机。

2）给水排水专业

①设计参数优化

考虑项目委托方自身的标准，可以合理降低办公卫生间、酒店、商业轻餐、超市、住宅等设计用水指标。比如：50L/(人·班）调整为40L/(人·班)。

②系统设计优化

虹吸雨水相比重力雨水，排水能力占优势，但价格较高，可根据项目需求，合理选择雨水排水方式；消火栓管道常规做法是竖向环网，避免标准层成环影响净高，又可以节省造价；在设置水泵房、消防等控制中心位置时，合理考虑各管路长度。对于商业项目，需考虑消火栓的安装对商铺装修以及后期物业运营管理的影响，可将消火栓布置在内街环形动线店铺外侧。

③材料设备选型优化

针对室外给水管，考虑施工、使用等因素，考虑压力及管径要求不同，以经济合理性排序优先选用。经济合理性顺序为：PE 管、焊接钢管、无缝钢管、镀锌钢管、球墨铸铁管、钢塑管。

针对室内给水管，考虑压力、温度等因素，优先选择综合单价较低的管材。立管及横干管根据压力要求选用多层 PPR 管或钢塑复合管，支管选用 PPR 管（室内冷热水）。

生活水箱优先选用不锈钢水箱。屋顶消防水箱优先选用 SCM 模压水箱。

3）电气专业

①设计参数优化

结合规范以及项目委托方的标准，并考虑后期用户的需求，调整不同功能区域相关负荷容量。

②系统设计优化

针对具有吊顶的区域，尽量选择电缆桥架明敷，避免精装龙骨吊筋破坏暗埋线管。

分区域供电、大型机组单独供电，可以节省初投资费用，也可以节约后期的运营费用。

对于面积较大的地下车库，考虑将发电机房分成多个发电机低压房，虽然增加了低压柜，但总价却减少很多。

考虑功能房间用电使用情况，合理选取设备容量。

③设备选型

对于配电柜出线方式的选择，尽量选择上进上出，不仅节省下进管沟的土建成本，还节约下进线缆的长度。

对于电表的选择，尽量选择多功能电表，既优化箱体的体积，还节省强电间的面积。

6.6.2 交付成果

由机电专业负责人完成一次机电深化模型、问题报告等成果的整理。

6.6.3 风险提示

（1）过程中遇到任何问题应及时反馈给项目执行负责人，避免问题搁置，影响进度。

（2）对于初入门深化调整机电管综的 BIM 机电工程师，须按照流程逐步推进。

（3）分区调整时，注意调整区域以外的管线须断开，避免联动而又未察觉，影响已调整好的管线，最好边调整边对已完成区域进行简要复核。

（4）模型优化前需和设计方、项目委托方明确管线是否根据图纸预留洞口进行优化。

（5）针对二次机电深化（专项深化）项目，需在一次机电深化时，考虑二次机电深化的条件，最好二次机电提前介入。

（6）一次机电各环节需要项目实施团队成员严格按照“质量管控标准”要求自行检查

校核，确保优化部位/子项满足“项目标准”要求。

6.7　专项深化

专项深化主要是针对专项设计进行的BIM复核、优化的工作，通常包含室内装饰、抗震支吊架、钢结构、景观、幕墙等的深化。同一次设计一样，专项设计缺乏对相关专业的协调考虑及信息沟通，使得专项设计施工图难以落地实施，且较多情况与一次设计不匹配。通过BIM搭建专项模型，结合各类标准规范、工艺要求、一次深化设计模型及现场实际情况，对图纸进行细化、补充和完善，从而加强专项设计对施工的控制和指导。

专项深化的介入时间越早越好，理想情况是专项设计同一次设计同步完成，尤其是室内装饰工程，受一次设计机电专业影响极大，这样BIM就能够全盘考虑，整合各专业模型，综合协调深化每一个节点，在正式施工前出具完整的能够落地实施的施工图纸。但是实际情况往往是项目委托方为了尽早开始施工，一次设计不得不在满足规范要求前提下快速出图（送审版）送至审图机构，进而取得施工图合格证和施工许可证。但是送审版之后，一次设计需根据项目委托方实际需求修改各专业图纸，形成实施版施工图。若为了加快设计进度，将送审版施工图传递到下游专业（专项设计），就会造成大量设计返工，也会耽误施工进度及导致现场拆改，增加建设成本，更严重的是达不到项目预期效果，得不偿失。若BIM只针对施工图阶段进行深化设计，建议BIM团队在送审版图纸完成后介入进行模型搭建，实施版完成后BIM机电工程师对模型修改完善，同步进行专项设计，这样既能保证图纸质量，BIM又可以进行一次机电深化，现场也可以针对非二次机电深化的区域进行安装施工，然后待专项设计完成后进行二次机电深化。具体流程如图6.7-1所示。

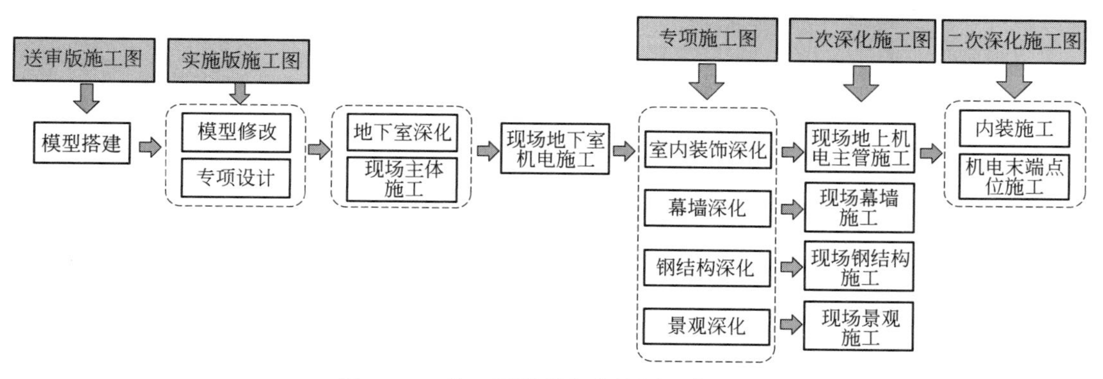

图6.7-1　施工图阶段各方协同配合流程

6.7.1　工作任务详解

（1）室内装饰深化

室内装饰深化是利用BIM可视化、参数化的特点，对装饰方案中地面（包括地砖、石材、扶手、栏杆）、墙面（包括店招、消火栓、开关、插座、疏散诱导灯）、顶棚（包括灯具、风口、喷头、烟感、消防喇叭、背景音乐喇叭、监控摄像头、检修口、防火卷帘、挡烟垂壁、吊顶艺术造型）等进行可视化设计复核，在保证装饰标高及效果要求的前提下，尽量采取“利旧原则”，调整优化一次机电支管及末端点位（即二次机电深化）（图 6.7-2）。

图 6.7-2 机电末端点位布置

室内装饰在整个专项设计里面是最为常见也是最为重要的，本节主要根据项目经验浅谈 BIM 在深化室内装饰环节需要注意的事项。

1）结合装饰效果图，深入解读装饰施工图纸，比较装饰图纸与一次机电图纸两者在各末端点位及功能上的差异，为二次机电深化做准备。例如：吊顶艺术造型与消防喷淋、挡烟垂壁之间的关系，消火栓点位与装饰立面的关系，是否均具备布置条件；装饰风带与消防排烟口、空调送回风口的连接，是否能够满足接管要求；装饰方案净高、店招高度与一次机电安装空间是否匹配等。BIM 机电工程师只有充分了解项目信息后，才能更好地深化室内装饰和二次机电（图 6.7-3、图 6.7-4）。

图 6.7-3 装饰效果

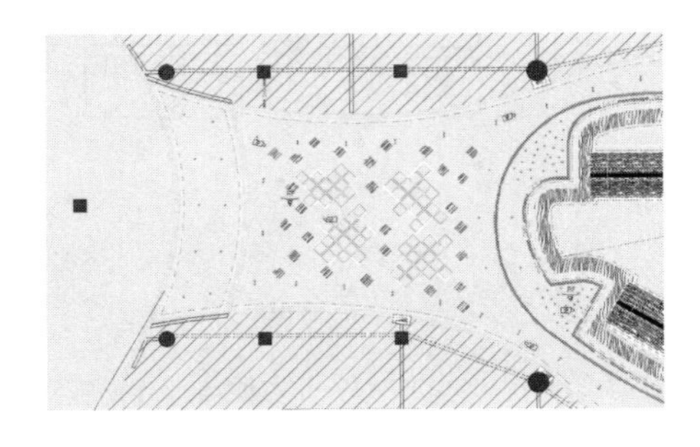

图 6.7-4 吊顶装饰 CAD 平面

2）若装饰施工图在机电施工时还未完成，需与装饰设计团队配合说服项目委托方，暂停机电安装工程的施工及设备采购，仅做好部分接口的预留，待二次机电深化完成后再进行大面安装施工。

3）针对商业综合体项目，BIM 机电工程师在深化室内装饰时，往往还会面临一个棘手的问题——分合铺。商管根据招商要求对建筑进行平面布局及房间分隔修改，但一次设计往往未考虑商业的可变性（商业的特点是随时会根据招商进行调整修改），特别是业态的预留设计，建筑设计院在一次设计时招商调整还不成熟，不能很好地考虑业态及分合铺的灵活性，故BIM机电工程师在深化室内装饰时，需提前向项目委托方落实主力店招商情况，及时跟踪，减少后期由于招商的调整而出现大量的拆改。

（2）抗震支吊架深化

根据《建筑机电工程抗震设计规范》GB 50981—2014，抗震设防烈度为6度及6度以上地区的建筑机电工程必须进行抗震设计。基于BIM的抗震支吊架深化设计，是通过BIM模拟支吊架布置，尽量保证一次机电深化主管线排布不变的情况，通过调整角度系数、抗震支吊架间距，满足管线与抗震支吊架不碰撞且有安装空间的要求（图6.7-5、图6.7-6）。

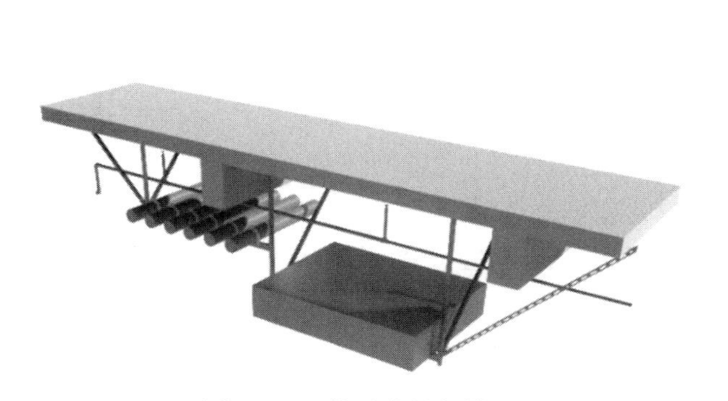

图6.7-5　抗震支吊架模型

图6.7-6　抗震支吊架现场施工

利用BIM技术深化抗震支吊架时，需充分考虑管线综合的细节问题，避免问题遗留在施工阶段。需注意以下几点：

1）在一次机电深化过程中，调整管线综合排布时，根据管道的预装根数、标高、走向和方位，不仅要预留出管道的操作空间和维护空间，还要考虑抗震支吊架的安装空间，避免出现施工方在还未收到抗震支吊架深化设计图纸，提前进行机电安装，导致抗震支吊架无足够的安装空间，产生管道拆改的问题。

2）考虑安装空间的同时，也应考虑吊顶净高问题。抗震支吊架底部槽钢横架比普通支架尺寸大，故在进行管线竖向排布时，需充分考虑横架（通常考虑70mm）高度，避免影响吊顶标高。若出现抗震支吊架的安装导致吊顶净高不足的情况，需及时向装修设计团队反馈，以便做出调整方案。

3）对于管线复杂节点区域，若不能通过调整抗震支吊架角度来解决支架与管线间的协调问题，则BIM机电工程师需重新修改该节点管线排布方案，直至满足各项条件，可通过优化管线路由、排布顺序、进一步调整抗震支吊架角度等方式综合优化节点。对于地下车库、商业综合体、医院等项目管线复杂的区域，应考虑综合抗震支吊架，减少支吊架的使用，降低工程成本。

4）为了使BIM深化更具有落地性，BIM机电工程师应考虑各种管道真实外径和保温层厚度，由此准确判断出管道卡箍的相关方式和承力度。

5）抗震支架深化原则

①抗震支吊架设计最大间距要求见表6.7-1。

抗震支吊架间距要求 **表 6.7-1**

管道类别		抗震支吊架最大间距(m)	
		侧向	纵向
消防管道	刚性连接金属管道	12	24
防排烟管道	普通刚性材质风管	9	18
电气桥架	刚性电气线管、线槽及桥架	12	24
	非刚性材质电气线管、线槽及桥架	6	12

②水平直管道应在两端位置设侧向支撑抗震支吊架，水平管道抗震支吊架应设置≥1 处纵向支撑，且应在转弯处 600mm 距离之内设置侧向支撑。

③门型抗震支吊架至少应设置 1 处侧向或 2 处纵向抗震支撑。

（3）钢结构深化

BIM 钢结构深化设计的过程，其本质是进行模拟预拼装、实现"所见即所得"的过程。所有杆件、节点连接、螺栓焊缝、混凝土梁柱等信息均体现在三维实体模型中，进而深化钢结构连接节点。综合考虑构件制作、运输及安装等多个环节，以及和其他专业的联系与配合，对复杂节点进行深化设计，最终生成可指导工厂加工的深化设计图（图 6.7-7）。

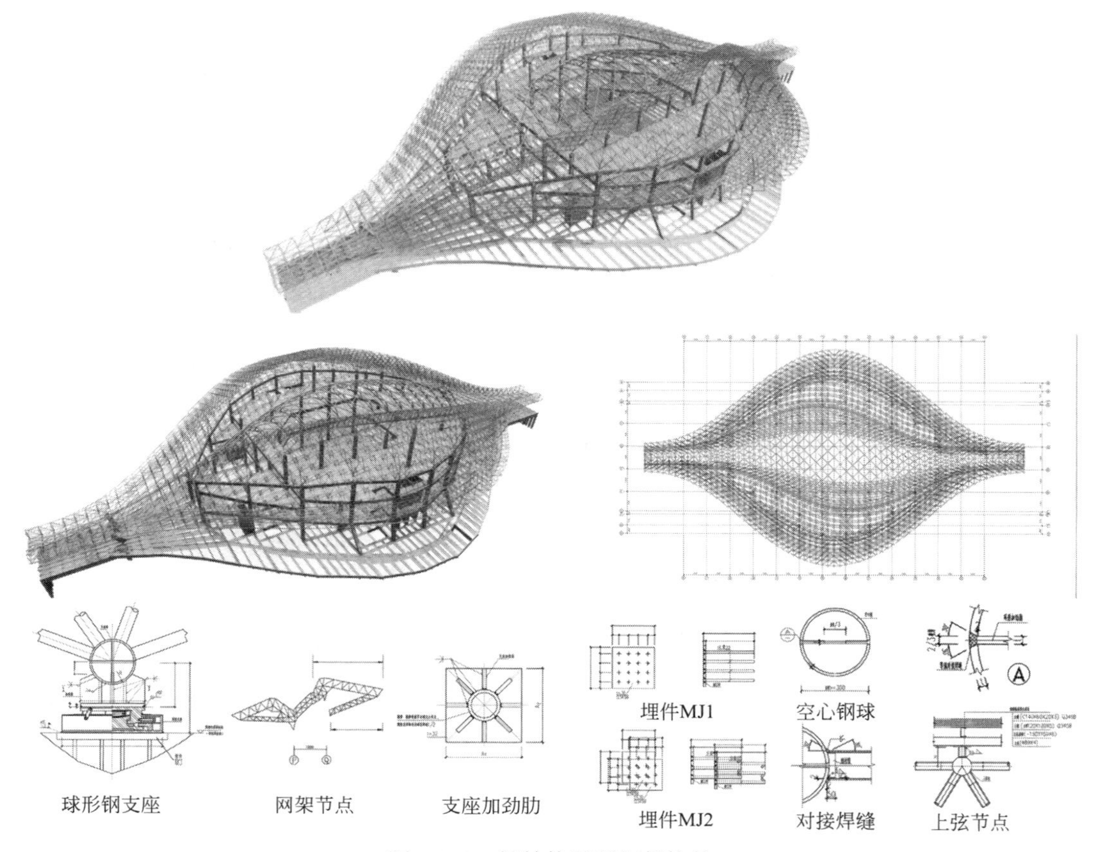

图 6.7-7 钢结构屋顶细部构件

钢结构深化设计需考虑与结构、机电设备、幕墙及装饰专业的配合原则，主要有以下几方面：考虑混凝土结构与钢柱搭接的连接件；注意机电管线穿过钢构件的预留孔洞需进行加固措施；考虑预设的连接件；考虑设备基座与钢结构连接的板件；考虑设备吊装与钢结构临时连接的板件；考虑电梯系统与钢结构的连接、固定板件；考虑幕墙系统、装饰工程与钢结构的连接、固定板件、孔眼等，确保钢结构留洞和洞口加固在工厂进行，以保证工程质量。在钢结构生产加工前，运用BIM技术，对实际钢构件、节点的连接方法、工艺做法和工艺流程分配开展优化调节，合理指导工厂加工生产，降低工程施工难度系数和风险，提升工程施工质量。

（4）景观深化

在机电、土建、场地、周边环境模型基础上整合景观模型，可将景观中的场地、小品、管线、种植等清晰体现出来，通过对BIM景观模型的复核调整，出具可指导施工的深化设计图，满足项目委托方的要求。

BIM景观工程师结合景观图纸，创建BIM景观模型，复核是否存在错漏碰缺，规避设计不合理。从硬质景观（地面、场地、灯具、小品）、软质景观（种植）和配套专业（电气、给水排水）上，清晰地反映结构（上翻梁）、各类管线及花园等地下空间情况。对于各专业间存在的碰撞，如：电气与给水排水间的碰撞；管井与树池间的碰撞；种植与管线间的碰撞；小品与管线的碰撞等，需与设计方、施工方、项目委托方共同协商，进行BIM景观模型深化。最后将优化完成的复杂节点进行出图，导出局部剖面图、立面图及透视图指导现场施工，加强景观设计的落地性（图6.7-8）。

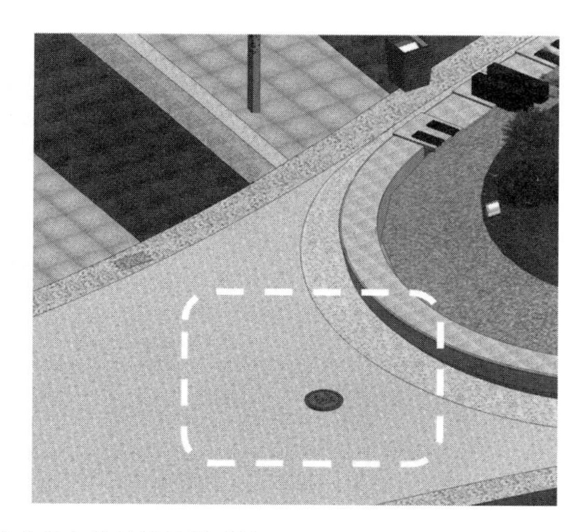

图6.7-8 小市政水井与种植池池壁碰撞

（5）幕墙深化

幕墙设计师在设计施工图时，以建筑与结构施工图为基准进行绘制，较少考虑与其他专业的协调配合。常见问题主要有幕墙骨架与建筑、结构专业冲突、檐口设计影响排水效果、骨架空间小影响机电系统排布、其他专业导致幕墙端部无法收口等（图6.7-9～图6.7-11）。

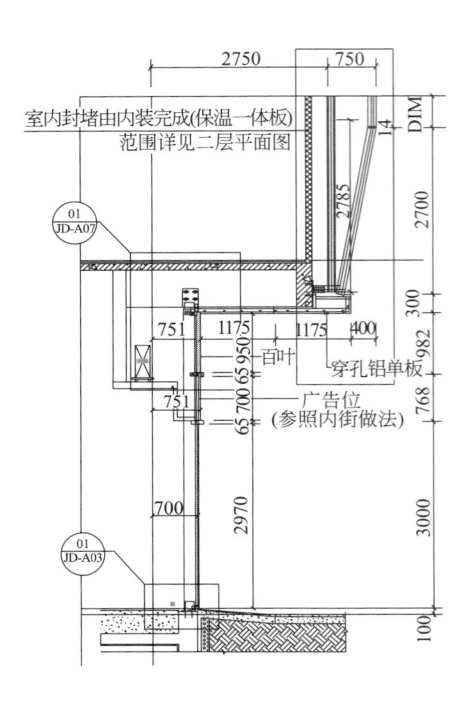

图 6.7-9　首层幕墙节点大样

图 6.7-10　幕墙收口

图 6.7-11　外廊管线影响幕墙收口

为了合理规避此类问题，BIM幕墙工程师需要结合其他专业图纸及施工现场实际情况对幕墙施工图进行细化和补充，并输出相应平面图、立面图、节点详图，指导工厂下料及现场施工（图6.7-12）。

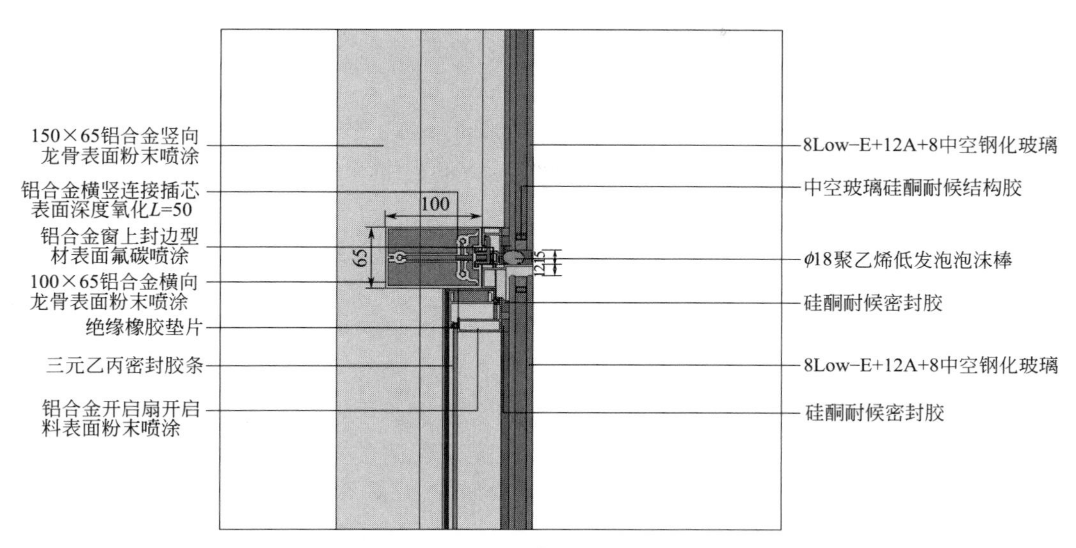

图6.7-12　幕墙节点大样

本节结合BIM技术和实施经验，对幕墙的深化要点及注意事项做以下几点阐述。

1）在幕墙深化之前，需要保证主体模型的正确性，对前期建筑、结构、一次机电等成果模型进行整合，核对幕墙与主体结构预埋件位置及标高。检查幕墙网架模型是否与其他构件发生碰撞，例如：商业综合体一层幕墙檐口与店招是否碰撞；是否预留风口位置；机电管线和设备是否影响幕墙收口等问题，并检查是否预留机电管线的排布及施工操作空间。

2）利用BIM技术对幕墙表皮进行参数化分割，结合装饰和房间位置，协调窗扇的尺寸、位置及开启方式，注意窗扇不能影响室内功能使用，也不能破坏掉幕墙外立面的整体效果（图6.7-13）。

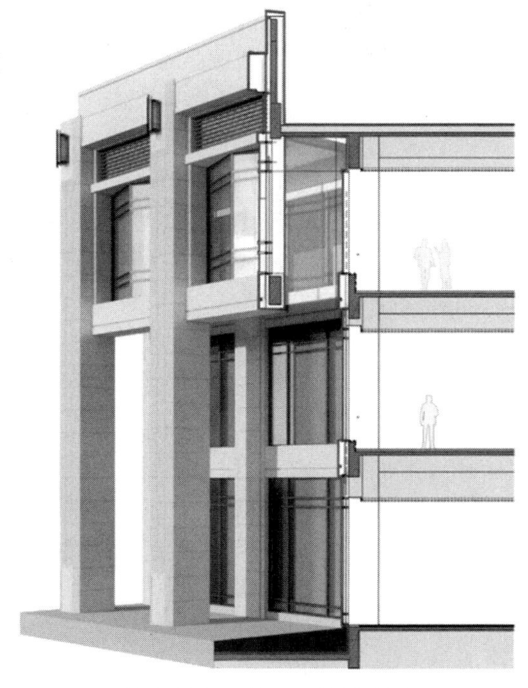

图6.7-13　外立面幕墙剖面

3）若幕墙外立面中包含泛光照明设计，深化时还应考虑外部安装泛光灯具，灯具需要合理地隐藏在建筑中，所以，BIM幕墙工程师需要考虑如何避免幕墙与灯具间的碰撞及安装问题，同时不能对灯具形成遮挡，以免影响照明整体效果，从而更好地实现幕墙与灯光的一体化。

6.7.2　交付成果

由各专项专业负责人完成专项深化模型、图纸、问题报告等成果的整理。

6.7.3 风险提示

（1）各项专项设计应严格遵守相关规范，避免施工过程出现不合规范的情况。

（2）深化设计图纸需指示明确、表达详细，保证施工人员按图施工的可行性。

（3）若BIM团队能够在方案阶段介入，须提前考虑一些关键点，例如：明确人防出入口、主要设备房、机电主要井道等位置以及装饰净高控制标准，避免在深化设计阶段出现机电方案颠覆性修改。

6.8 二次机电深化

二次机电深化是指在一次机电系统基础上，为配合装饰工程等专项，而进行机电系统的末端调整设计。利用BIM技术可以直接基于一次机电深化模型，进行二次机电设计深化，这个过程不仅仅要对机电系统末端进行配合调整，更主要是如何保证在一次机电深化模型原始状态下，尽量减少原管线的拆改，又能满足装饰效果，这对一个BIM团队来说，是极其困难的事情，所以二次机电深化需要具有丰富经验的BIM机电工程师来执行。

二次机电深化与一次设计机电系统建议按照下列节点划分：

（1）给水排水系统，以横支管与主立管的接口为分界点，主管上的三通接口至各用水或排水点的部分为二次机电深化的范围。

（2）电气系统，以层配电箱或区域配电箱为分界点，从配电箱至各用电设备的部分为二次机电深化的范围。

（3）空调系统，以冷冻水管、空调风管水平支管与主管道的接口为分界点，空调末端及风口的设计，水管、风管的平面布置设计等为机电二次设计的范围。

6.8.1 工作任务详解

编者认为对二次机电深化影响最大的是装饰工程，其他专项设计仅有局部节点与之相关，本节以二次机电深化与装饰工程如何配合协调进行经验阐述。主要有三个方面：一是吊顶内机电管线的综合深化；二是吊顶面上机电末端的综合深化；三是立面装饰上机电末端的综合深化。

（1）吊顶内机电管线的综合深化

对于一个功能较为完整的建筑来说，在有限的吊顶净空内会有较多的专业管道。例如，空调专业的送风管、回风管、排风排烟管、冷水管、冷气水管；给水排水专业的生活给水管、排水管、雨水管、消防给水管；电气专业的强弱电桥架、智能化桥架、母线等。在目前较多的工程中，例如，土建工程、给水排水工程、空调工程、消防工程、智能化工程、装饰工程等会由多家专业公司直接承包，而且各工程的交接界面也无法划分清楚。这就会给工程协调带来众多不利因素，引发各种矛盾和纠纷，最终导致使用功能要求及装饰效果要求都无法得到保证。

所以，BIM机电工程师在深化过程中，首先要解决好各专业管线在满足可安装实施前提下的碰撞问题，各末端点位与装饰吊顶的协调问题，主动绘制好安装大样图、剖面图，重点部分还须配合安装固化图或动画。令施工单位能够按图施工，监理单位能按图监理，建设单位能按图验收。这样才能较为有效地解决装饰与机电系统的协调问题，为吊顶抬高争取空间，进而保证装饰的美观效果。

（2）吊顶面上机电末端的综合深化

通常吊顶面上会有灯具、风口、喷淋头、烟感、消防喇叭、背景音乐喇叭、监控摄像头等机电末端，一次设计在进行这些末端的布置设计时，一般在平面图的基础上分开进行，故无法反映吊顶真实的情况，并且施工时又可能是由多家施工单位进行末端安装，由于末端点位数量众多，一旦现场协调不好，将会破坏吊顶的整体美观性，装饰设计的造型根本无法实现。另外，装饰设计的吊顶造型也可能会导致这些机电末端无法达到规范要求。

若BIM在方案阶段介入，BIM机电工程师、一次设计机电专业与装饰设计在方案阶段应进行充分沟通，针对吊顶的方案造型及吊顶标高提出相关的专业要求与建议；在施工图设计阶段，BIM机电工程师、一次设计机电专业与装饰设计师三方配合绘制综合吊顶，以协调各机电设备的位置关系，既保证吊顶设备符合相关规范要求，又保证吊顶的整齐美观，在吊顶造型的效果得到保证的同时，也降低了施工过程的协调难度。例如，因装修方案公区风带位于走廊两侧，所有送回风风口需连接至风带内，BIM机电工程师需与暖通设计、装修设计配合确定风口点位（图6.8-1）。若BIM在施工图阶段介入，需在一次机电深化时提前考虑吊顶的安装空间（通常180～300mm），待装饰施工图完成后，结合标高及造型进行二次机电深化。

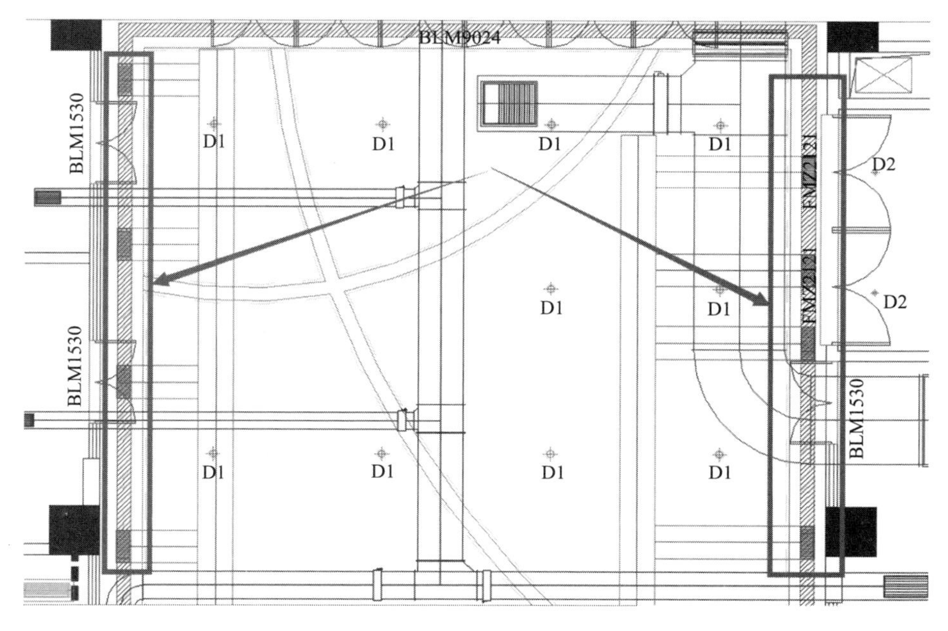

图6.8-1 二次机电风口调整

（3）立面装饰上机电末端的综合深化

一般装饰立面上布置有消火栓、开关、插座、疏散诱导灯等机电末端。对开关插座及疏散诱导灯来说会较易协调，一是其面积、体积都较小，另外市场上也有各种各样美观大方的样式；二是其放置的位置有着较大的可动空间。装饰设计在布置时可通过选样来减少其对主体装饰效果的影响；BIM 机电工程师在进行深化布置时应与装饰设计师沟通，了解装饰立面的要求，以免破坏装饰立面的美观效果。

消火栓的布置，对装饰立面的影响较大。消火栓自身体积较大，暗装在墙体中需要有一定的厚度，虽然消火栓的箱门可以改装成装饰暗门，但按规范要求，装饰门上要有明显的标志，这也较容易对装饰立面造成破坏。另外消火栓需布置在一些较为明显的位置，以方便消防时取用。所以作为 BIM 机电工程师应发挥其专业知识，协助装饰设计师确定消火栓的位置，使得消火栓的布置既符合规范要求，又不影响装饰立面的美观。例如，由于装饰设计考虑的走道净宽无法满足消火栓贴柱布置时，为了保证装饰效果，将消火栓移动至柱两侧并齐柱边暗装。若结构柱两侧均无安装空间，则考虑调整消火栓位置至其他区域（图 6.8-2～图 6.8-4）。

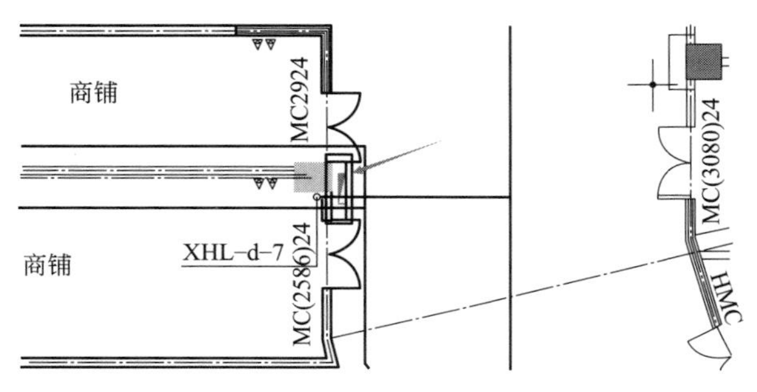

图 6.8-2　消火栓平面布置

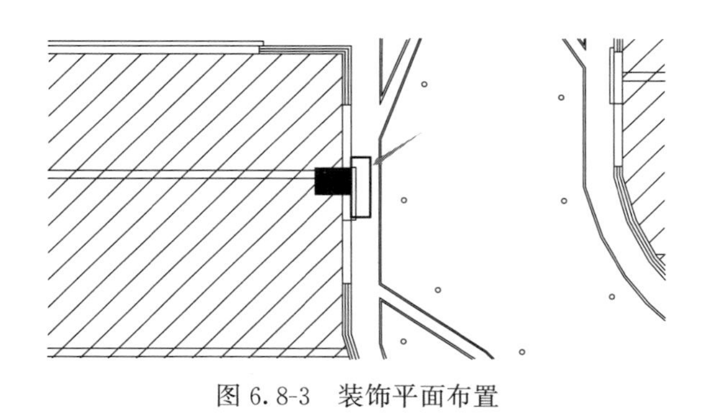
图 6.8-3　装饰平面布置

图 6.8-4　现场施工

6.8.2　交付成果

由机电专业负责人完成二次机电深化模型、图纸、问题报告等成果的整理。

6.8.3　风险提示

（1）装饰专业最好提前介入一次机电深化，避免二次机电深化返工。

（2）二次机电深化需与装饰设计配合进行，避免管线、末端布置影响装饰效果。

6.9 室外综合管网深化

室外综合管网的布置是结合一次机电深化进行的，为了保证整个机电模型的完整性，室外综合管网需进行管网模型碰撞核查、管网碰撞优化，同时还需结合场地高差优化管网埋深，提高整个机电工程的质量（图 6.9-1）。

图 6.9-1 小区室外管网

6.9.1 工作任务详解

（1）管网碰撞核查

BIM 机电工程师需将室外综合管网模型、总平面模型、机电模型、土建模型整合，基于整合模型进行各专业间的碰撞核查。复核内容主要包括管线间的碰撞、管线与检查井的碰撞、检查井与景观构筑物碰撞、溢水井与检查井碰撞等。

1）管线间的碰撞：复核相应管线标高（图 6.9-2）。

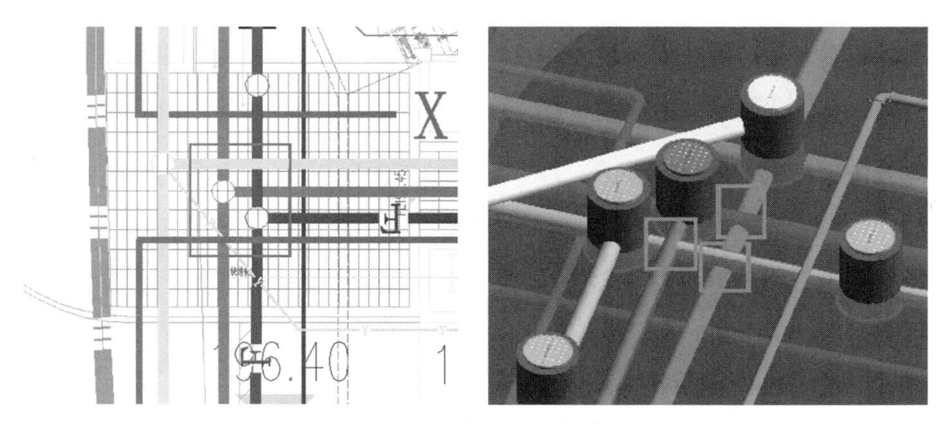

图 6.9-2 管线与检查井碰撞

2）管线与检查井的碰撞：复核管线路由（图 6.9-3）。

3）检查井与景观汀步碰撞：复核检查井位置是否影响汀步（图 6.9-4）。

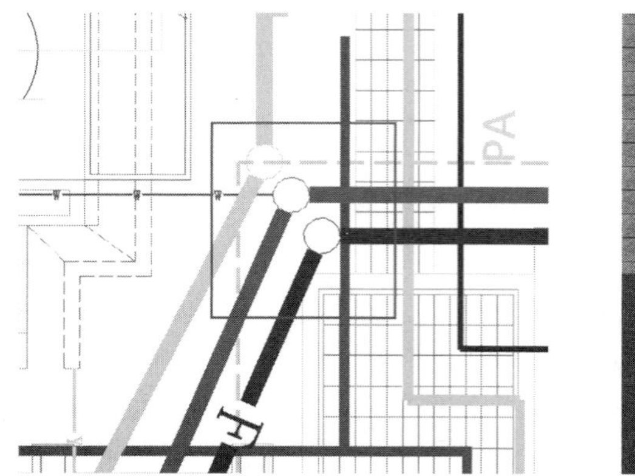

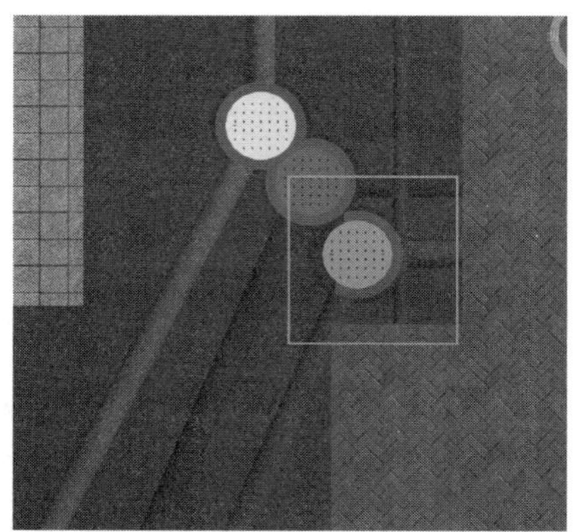

图 6.9-3　管线与检查井碰撞

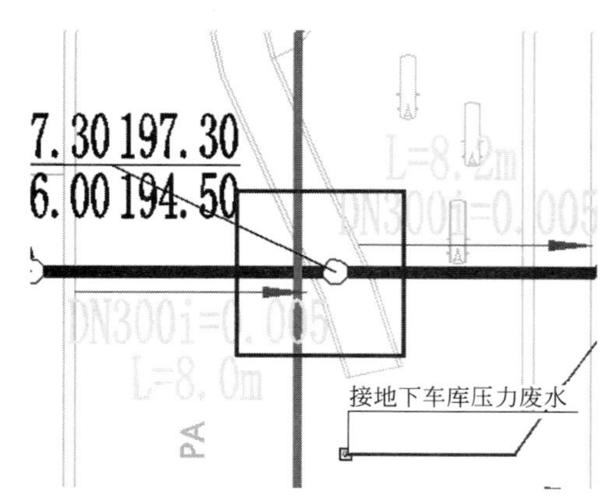

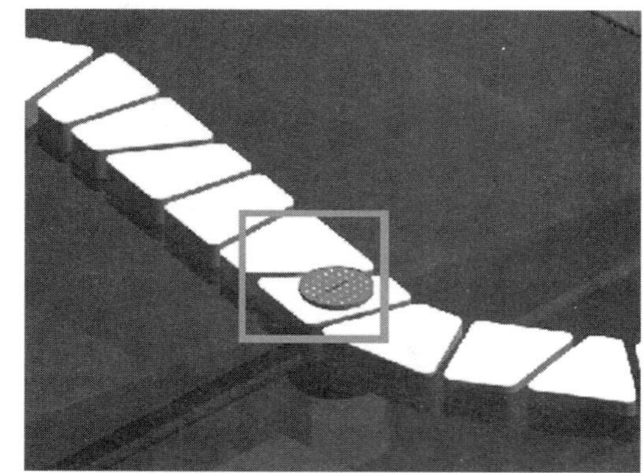

图 6.9-4　检查井与汀步碰撞

4）溢水井与检查井碰撞：复核溢水井和检查井的位置（图 6.9-5）。

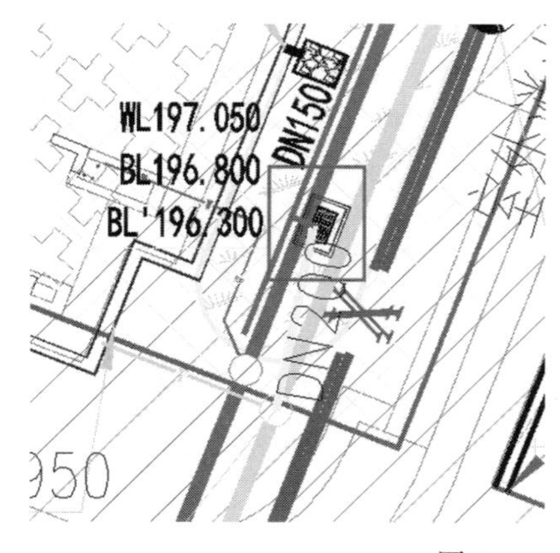

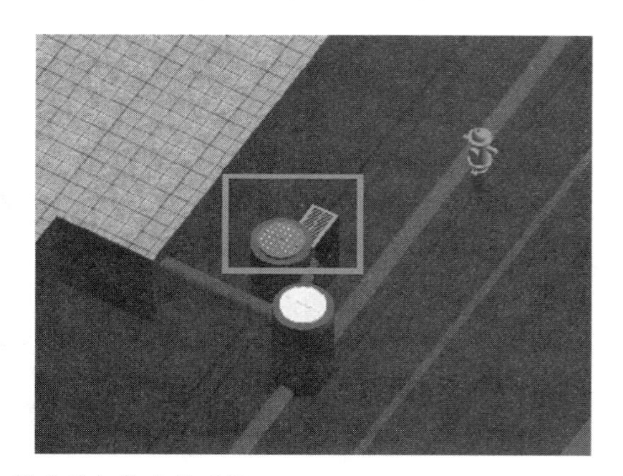

图 6.9-5　溢水井与检查井碰撞

（2）管网碰撞优化

针对以上管网碰撞复核发现的问题，进行相对应的管线路由优化、管线标高优化和管井布置优化。BIM 机电工程师在优化过程中，需要结合设计图纸（景观给水排水平面图、室外电气总平面图、室外排水总平面图等），与专业设计师确认优化方案，形成问题优化报告。具体优化可参考以下常规管线布置原则：

1）临时管线避让永久管线；

2）小管线避让大管线；

3）压力管线避让重力自流管线；

4）可弯曲管线避让不可弯曲管线；

5）分支管线避让主干管线。

（3）管网埋深优化

在管网碰撞调整的同时进行管网埋深优化，针对管线、井道埋深位置及标高不合理的情况，BIM 机电工程师需调整管线坡度、井道标高以及相对位置等，例如，水管埋深较低，水管外露于地形表面，将水井加深，降低水管标高，使其处于地面以下位置（图 6.9-6）。结合项目经验有以下几点优化建议：

1）燃气管埋深通常考虑 1.5m 左右（路面到管底或流水底的距离），标高控制在 1.8～2.2m。

2）电缆沟（排管）覆土层不应小于 50cm，以道路人行道顶面或绿化带标高为准，标高控制在 2.5～2.9m。

3）综合通信管线埋深通常考虑在 0.8～1.3m 之间（沟底）；人行道下最小埋深：塑料管为 0.5m，钢管为 0.2m。

4）给水管顶覆土厚度不应小于 1.0m。

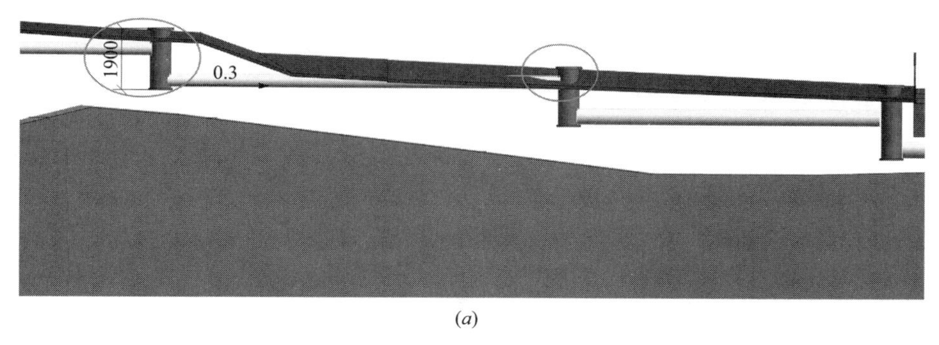

(a)

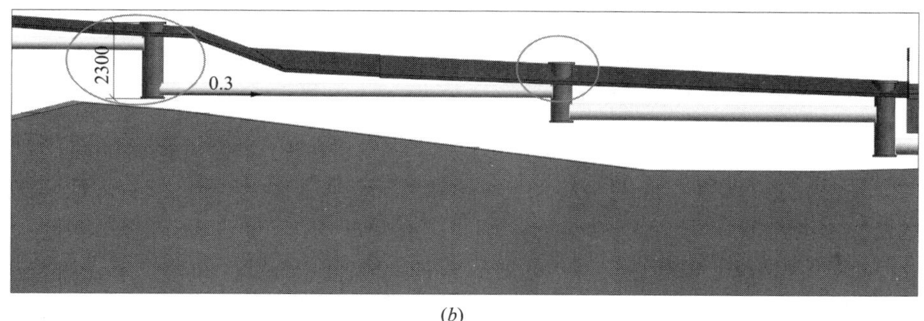

(b)

图 6.9-6　水井埋深优化

6.9.2　交付成果

由机电专业负责人完成室外综合管网深化模型、图纸、问题报告等成果的整理。

6.9.3 风险提示

（1）室外管线的布置不能影响建筑物的安全。

（2）对安全、卫生、防干扰等有影响的管线不应共沟或靠近布置。

（3）与道路平行的管线不宜设于车道下，不可避免时应尽量将埋深较大、翻修较少的管线布置在车道下。

6.10 预留预埋深化

预留预埋在整个深化设计过程中极为重要，是保证机电管线准确性、结构完整性、实现建筑标高、满足功能要求并影响整个机电工程质量的一项精细化工程。时间上，预留预埋需要在主体施工前完成；准确性上，需要一次性精准定位预留预埋标高，避免在结构施工完成后的二次开洞。

6.10.1 工作任务详解

在一次深化、二次深化过程中，BIM 机电工程师在设置机电管线穿越建筑、结构构件时，应注意管线穿越的位置和标高。

在机电深化完成后，将优化调整后的机电模型链接到土建模型中，并与项目委托方确认模型是否可以开展孔洞预留工作，若可以，此时 BIM 土建工程师对照机电管线路由、标高与建筑、结构碰撞的节点进行孔洞、预埋件的预留预埋处理。在模型中进行预留预埋处理时，注意管线穿越位置和预埋件类型选择，如表 6.10-1 所示。

预留预埋分类　　表 6.10-1

分类	分项	说明
预埋套管	防水套管	穿越地下室外墙(防水要求高的内部墙体,如泳池、水箱等)的各类管线设置的防水型套管,根据结构形式可分为刚性和柔性两种
	普通套管	水平穿越建筑内部结构、砌筑墙体的管线设置的套管
	楼板、屋面套管	穿越楼板、屋面的各类管线设置的普通、防水套管
	人防密闭套管	穿越人防密闭隔墙的各类管线设置的具备防爆、密闭功能的套管
预埋管线	电气管线	敷设于结构、砌筑墙体、楼板内的电气管线； 地下采用焊接或镀锌等厚壁钢管形式； 地上采用中型以上 PVC 管或其他金属管
	给水排水管线	暗敷设于结构底板或垫层内的给水排水等各类管线,如镀锌钢管、铸铁管、U-PVC 等塑料管材类型
预留孔洞	公共区域孔洞	1. 暗敷于结构、砌筑墙体的各类箱体设置的预留洞； 2. 穿越墙体、楼板处的大型管线(如桥架、风管)或密集管线区域设置的预留洞
	户内孔洞	1. 给水排水、暖通、燃气等竖向管线穿越楼板处设置的预留洞； 2. 户内配电箱预留孔洞、空调排水孔、卫生间排气孔
其他	专项预留预埋	防雷接地、基础预埋(预埋件)、电梯预留预埋等

预留预埋注意事项：

1）管道穿楼板处加套管，套管一般要求大于立管管径两号。通常一次设计施工图不会表达本项内容，在预留洞口时会出现上下层洞口不对应的情况，BIM 土建工程师根据机电模型精确表达管道穿楼板时的位置（图 6.10-1）。

图 6.10-1　结构板预埋套管

2）排水管道的套管要严格控制标高，套管应内高外低，避免安装后出现倒坡现象（图 6.10-2）。

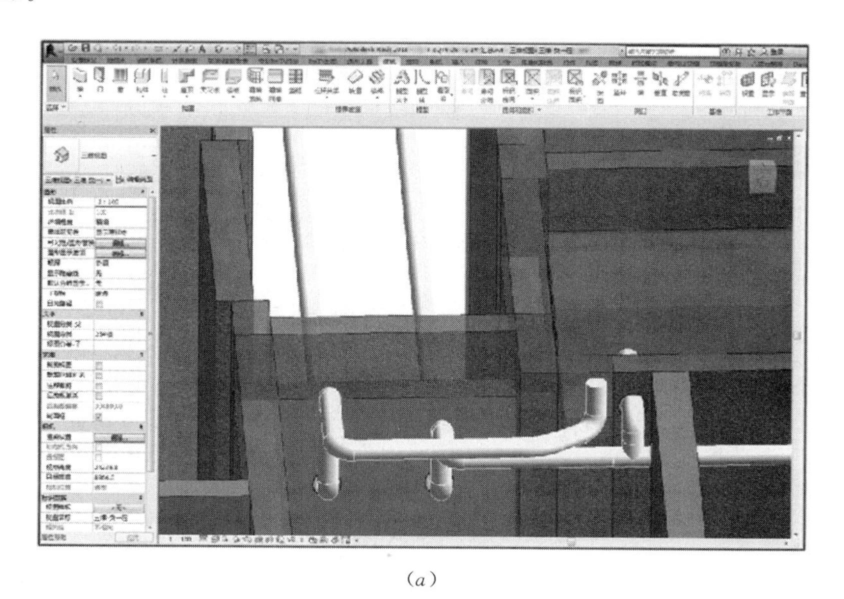

(*a*)

图 6.10-2　卫生间排水管穿剪力墙（一）

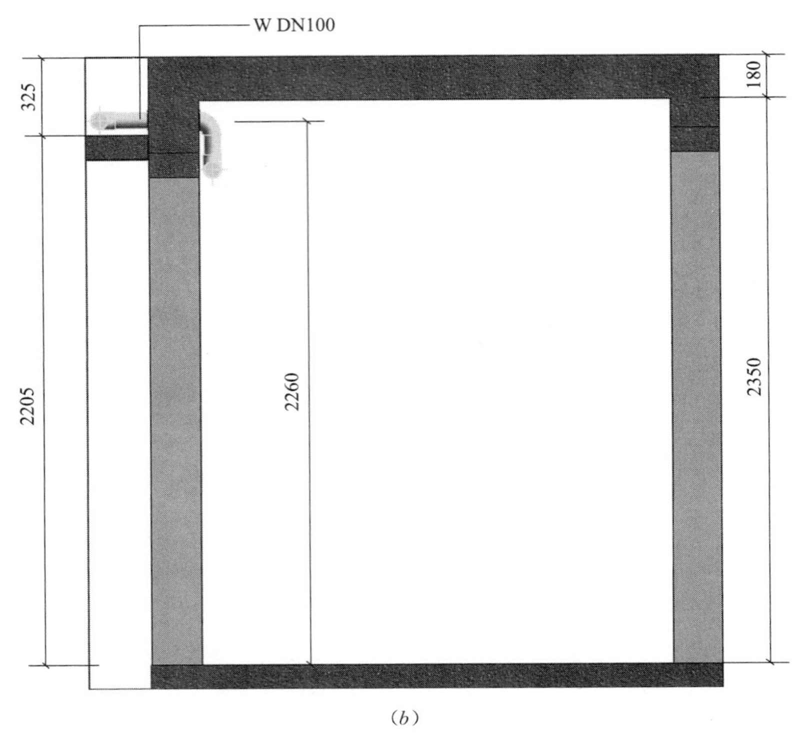

(b)

图 6.10-2　卫生间排水管穿剪力墙（二）

3）大口径风管（A×B 或 ϕB）预留孔洞尺寸为（A+100）×（B+100）或 ϕ（B+100），通常采用预留木盒（图 6.10-3）。

图 6.10-3　风管预留孔洞

4）成排管线穿剪力墙时，需排列整齐，一管一孔（图 6.10-4）。

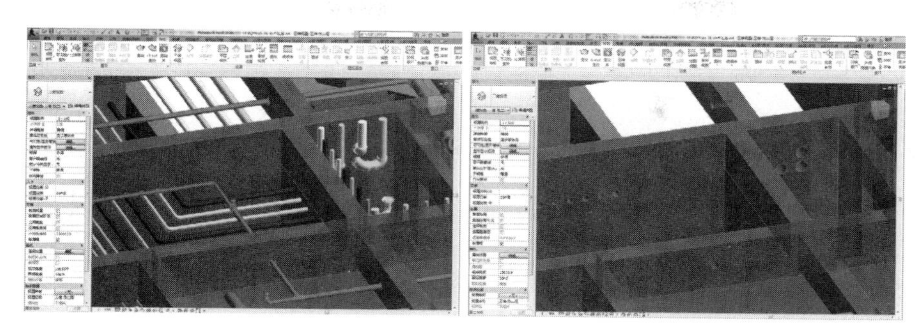

图 6.10-4　成排管线结构预埋

5）成排管线穿越建筑墙时，洞口宜合用（图 6.10-5）。

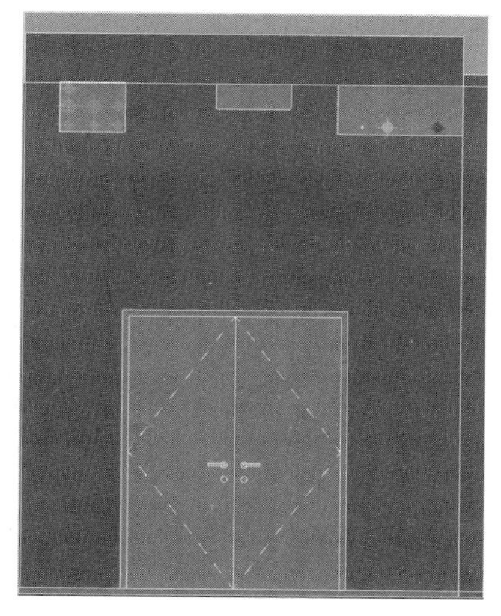

图 6.10-5　成排管线建筑开洞

6）对于一次设计图中已表达预留预埋的点位，BIM 土建工程师需复核原始预留预埋洞口标高与模型开洞标高是否一致，若不一致需进行正确性判断（图 6.10-6）。

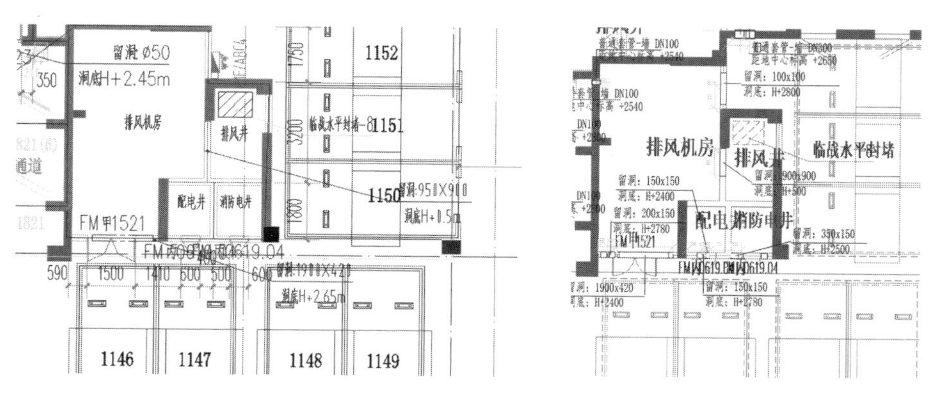

图 6.10-6　一次设计预留预埋比对

7）桥架穿越人防墙时需预留单根电缆的套管，不能合用（图 6.10-7、图 6.10-8）。

图 6.10-7　桥架穿人防预留孔洞

图 6.10-8　桥架穿人防预留套管

6.10.2　交付成果

由土建专业负责人完成预留预埋深化土建模型、图纸、问题报告等成果的整理。

6.10.3　风险提示

（1）BIM 机电工程师在机电管线设置穿梁时，需注意刚性套管预埋位置的合理性（图 6.10-9）。

1）当预埋位置设置在梁跨中 $L/3$ 范围内时，要求：

①洞口大小必须小于或等于 0.4 倍梁高；

②洞口上边缘距梁上边必须大于或等于 0.3 倍梁高；

③洞口下边缘距梁下边必须大于或等于 150mm；

④相邻两个洞口的中心间距应不小于 2 倍较大洞口直径。

2）当预埋位置设置在梁端 $L/3$ 范围内时，要求：

①洞口大小必须小于或等于 0.3 倍梁高；

②洞口上边缘距梁上边必须大于或等于 0.35 倍梁高；

③洞口下边缘距梁下边必须大于或等于 150mm；

④洞边到梁边或柱边的距离必须大于或等于 1.5 倍梁高；

⑤相邻两个洞口的中心间距应不小于 3 倍较大洞口直径。

图 6.10-9　预留梁内套管位置

（2）桥架穿结构构件的预留预埋应按照电缆根数预留套管。

（3）斜板项目的预留预埋标高需利用剖面进行确认。

6.11　BIM 协调会议

BIM 协调会议是由项目委托方定期组织各相关方参与的会议，一般采用电话会议、座谈会议等形式。BIM 协调会议通常在深化设计过程中进行（召开 2～5 次），主要解决从模型搭建至最新进度中遗留问题、难度较大问题以及待项目委托方敲定的问题。通过 BIM 协调会议，尽可能在会议现场解决或决策问题，以保证项目及时、顺利推进。

BIM 协调会议议程包括：

（1）对上次会议中关于 BIM 工作要求落实情况的检查；

（2）对本次会议的 BIM 实施进程存在的问题进行讨论并提出解决方案（包括执行人、完成时间等）；

（3）下一阶段 BIM 工作的要求；

（4）其他关于 BIM 的工作。

6.11.1　工作任务详解

BIM 实施团队需在会前准备好汇报资料。会议中，BIM 实施团队向参会人员汇报 BIM 工作进程，以及实施过程中存在的问题，各相关方共同决策。协调会议结束后，项目执行负责人需及时整理会议纪要，并发送主要相关方确认。同时还需及时对协调会议产生的成果，如问题报告、阶段汇报模型、汇报 PPT、会议纪要等进行分类归档。

6.11.2　交付成果

由项目执行负责人完成会议纪要及汇报资料等成果的整理。

6.11.3　风险提示

（1）阶段性汇报模型视图须完整且有组织，并且应与问题报告匹配。

（2）协调会议中，需要与相关方反复确认，确保理解和表述的需求一致。

（3）若需要与相关方配合，应落实与相关方的配合内容和配合时间。

6.12　成果制作

在项目实施过程中，BIM 实施团队应按照合同要求以及里程碑进度计划，按时保质完成成果制作。通常需要制作的成果包括：深化模型、深化图纸、问题报告、轻量化模型、漫游视频、工程量统计等。其中 BIM 模型作为其他成果输出的重要依据，模型的完整性、正确性直接影响项目成果交付质量。为保证成果交付质量，确保交付成果能够指导施工落地，在其余成果制作前，对 BIM 模型的审查应严格按照“质量管控标准”执行，经审查通过后，才可进行其余成果制作。

6.12.1　工作任务详解

（1）模型制作

模型制作主要包括模型拆分、整合和模型视图的制作过程。

模型拆分、整合：对各专业模型按照模型拆分或整合原则进行拆分、整合。

模型视图制作：基于拆分、整合后的模型，根据项目交付要求，制作模型视图，主要包括各专业平面、立面、剖面、三维轴测。其中各专业模型视图表达内容需与二维图纸一致。若模型视图与二维图纸比对有遗漏、多余构件时，注意核查模型类别、过滤器、视图范围是否正确（图 6.12-1、图 6.12-2）。

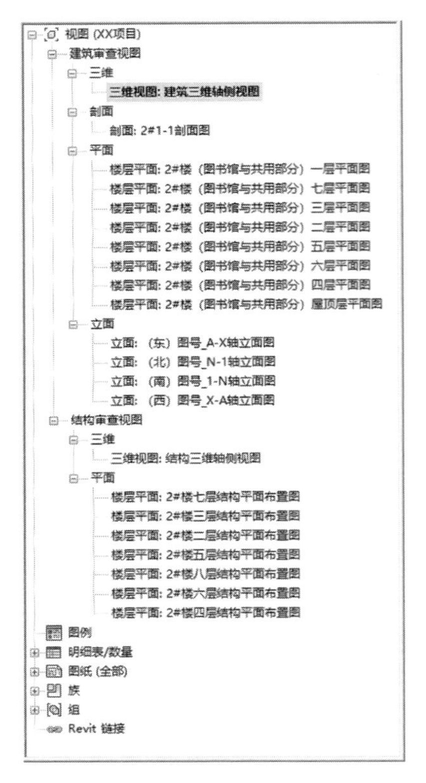

图 6.12-1　土建模型视图

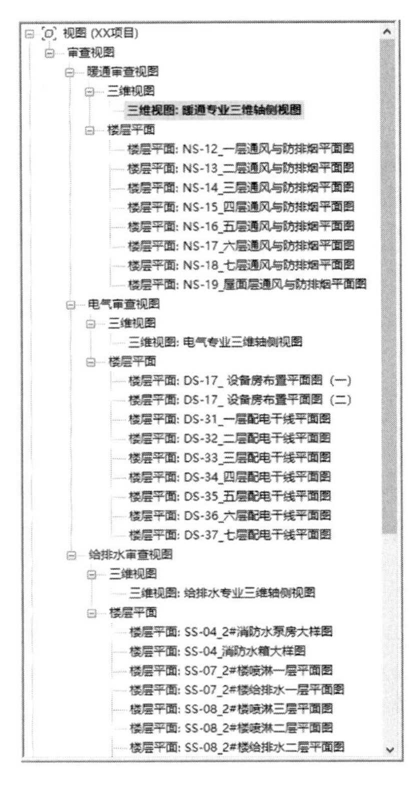

图 6.12-2　机电模型视图

（2）图纸制作

图纸制作是对模型视图标注出图的过程。各专业可通过 BIM 模型出图，图纸清单如表 6.12-1 所示。本节主要就暖通、给水排水、电气模型出图进行阐述。

各专业图纸清单　　**表 6.12-1**

专业	图纸
建筑	平面图、剖面图、立面图、楼梯详图、门窗详图、大样图
结构	剪力墙、柱平面布置图
暖通	暖通平面图、剖面图、节点安装详图
给水排水	给水排水平面图、剖面图、节点安装详图
电气	电气平面图、剖面图、节点安装详图
机电综合	管综平面图、剖面图、安装固化图、节点安装详图、预留预埋图、支吊架布置图
抗震支吊架	平面布置图、节点详图
幕墙	平面布置图、立面布置图、埋件平面图、节点图
装饰	平面图、立面图、顶面布置图、末端点位综合定位图、节点大样图
钢结构	平面布置图、立面布置图、节点深化图
景观	平面布置图、节点安装详图、大样图

1）出图准备

出图前，BIM 各专业负责人应与项目执行负责人双向确认出图区域、出图标准、出图比例、图框、是否打印等要求，并检查出图区域模型的完整性及正确性。

2）标注

对于机电各专业图纸通常需要标注坡度、系统、定位。

坡度标注：通常需要标注坡度的系统包括冷凝水系统、热水供暖系统、重力排水系统等。

系统标注：表达系统、尺寸和标高。机电各专业系统标注样式如表 6.12-2 所示。

机电各专业系统标注要求　　表 6.12-2

专业	方向	标注样式	标注内容
暖通	立管	系统+尺寸+至上层/至下层	风管、风阀、风口及设备
	横管	系统+尺寸+BL:H+标高	
给水排水	立管	系统+尺寸+至上层/至下层	给水排水管道、设备
	横管	系统+尺寸+CL:H+标高	
电气	立管	系统+尺寸+至上层/至下层	电气桥架
	横管	系统+尺寸+BL:H+标高	
管综	横管	系统	各专业系统

注：BL：H+标高为风管底/桥架底到建筑底板的高度；

CL：H+标高为水管中心到建筑底板的高度。

定位标注：表达系统间以及系统到墙、柱之间的距离，各专业的定位标注要求如表 6.12-3 所示。

机电各专业定位标注要求　　表 6.12-3

专业	定位标注要求
暖通	标注管道边到墙/柱之间的距离，风管与风管边之间的距离，风口中心之间的距离，翻弯节点距离
给水排水	标注管道中心到墙/柱之间的距离，管道中心之间的距离，翻弯节点距离
电气	标注桥架边到墙/柱之间的距离，桥架与桥架边之间的距离，翻弯节点距离

本节以电气标注为例，举例说明标注的要求和常出现的问题。

①电气专业系统标注

a. 单根桥架标注，如图 6.12-3 所示。

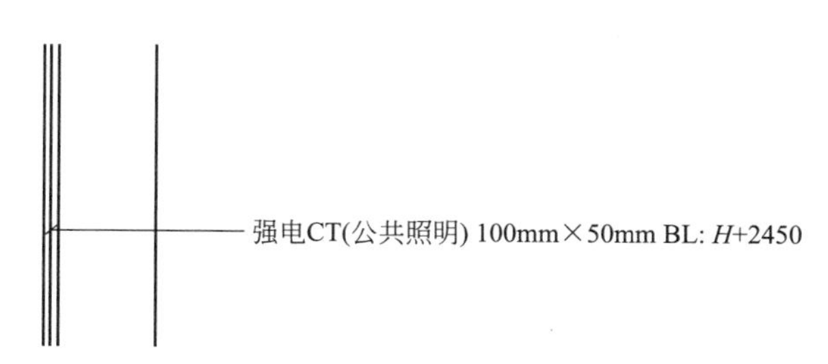

图 6.12-3　单根桥架标注

b. 两根及以上的桥架标注时，为了图面美观简洁，标注的文字起点须对齐，如图 6.12-4 所示。

c. 横向、竖向桥架标注方向尽量一致，如图 6.12-5 所示。

d. 翻弯位置标注分两种情况：一是翻弯位置桥架尺寸与翻弯前后水平段桥架尺寸一致（图 6.12-6）；二是翻弯位置桥架与翻弯前后水平段桥架两者中任一段尺寸不一致（图 6.12-7），以上两种情况在翻弯位置既需要标注标高，也需要标注尺寸。

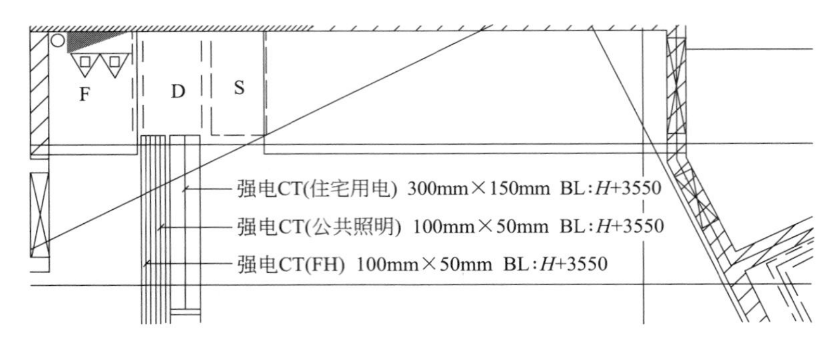

图 6.12-4 三根桥架标注

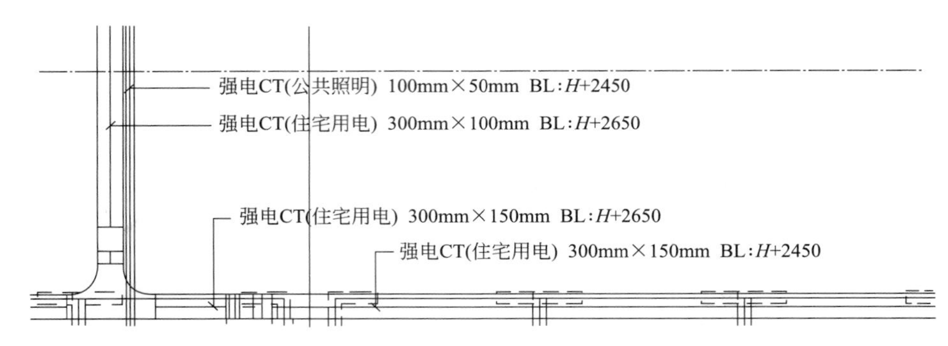

图 6.12-5 横向、竖向桥架标注

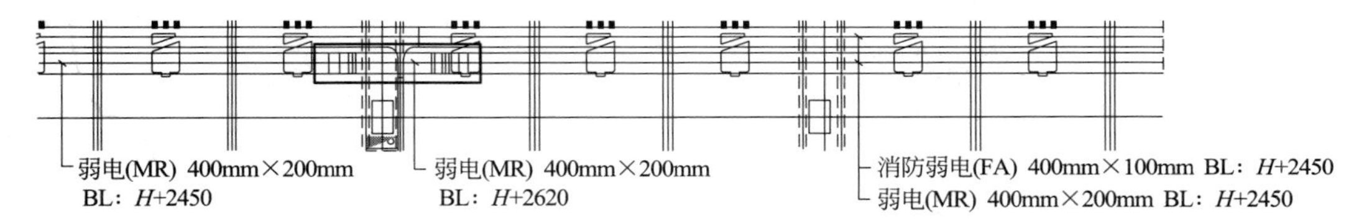

图 6.12-6 情况一

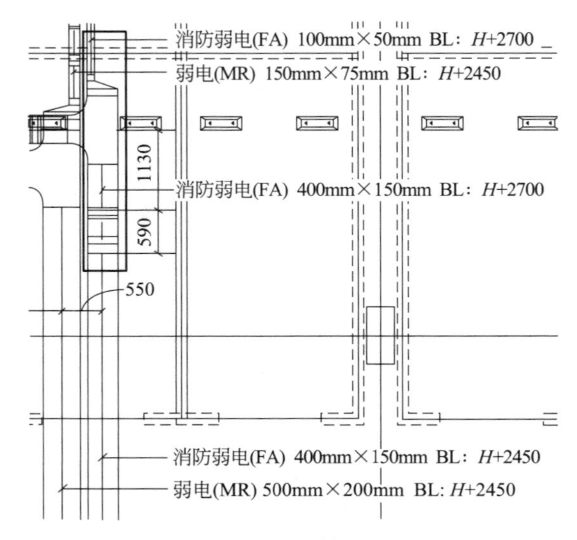

图 6.12-7 情况二

e. 标注应简洁、明了、易懂，标注文字尽量不要覆盖建筑信息及构筑物（影响识图），如图 6.12-8、图 6.12-9 所示。

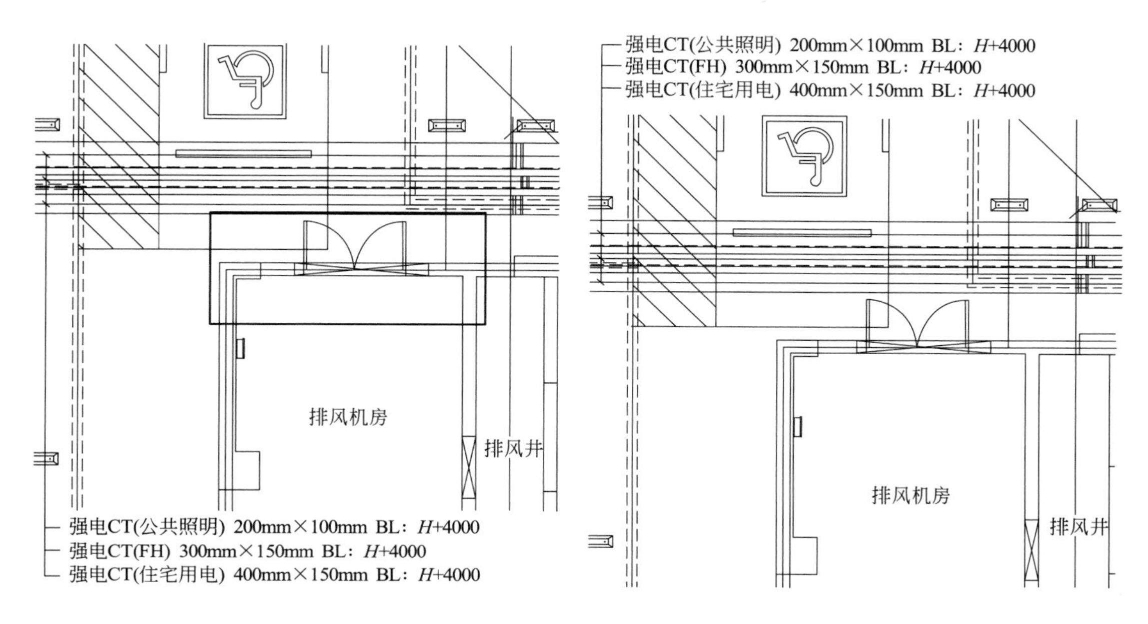

图 6.12-8 标注覆盖建筑墙及门洞　　图 6.12-9 标注避开建筑墙及门洞

②电气专业定位标注

a. 定位标注应层次分明，标注线不能交叉，如图 6.12-10 所示。

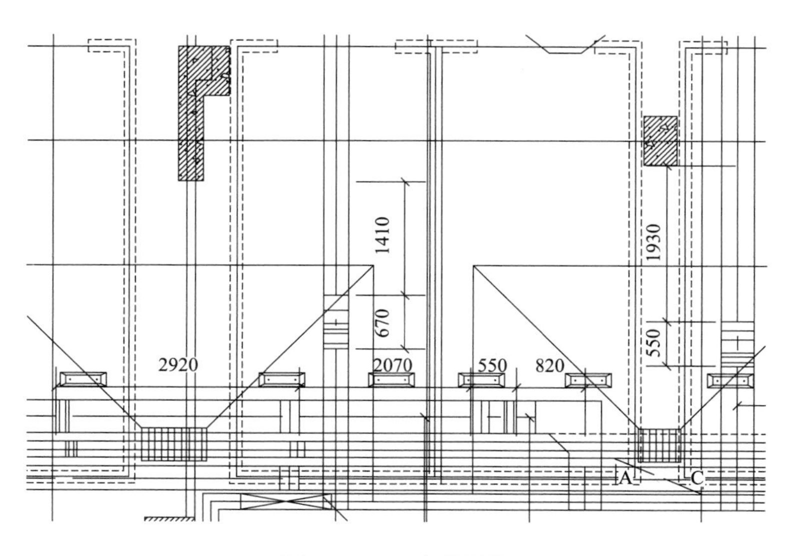

图 6.12-10 定位标注

b. 标注重叠、定位标注引线指示错误，如图 6.12-11 所示。此时可通过将重叠标注引线移出，标注引线修改为指示的墙、柱方向，如图 6.12-12 所示。

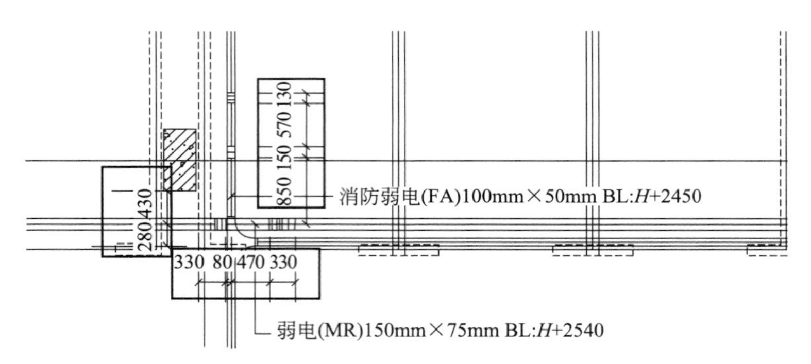

图 6.12-11　错误示例

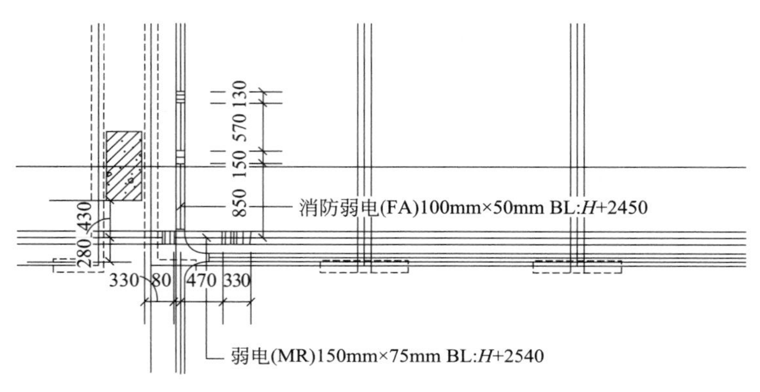

图 6.12-12　修改后

除了上述要求外，BIM 工程师标注时还需注意以下内容：

高程高度后两位通常是以 50 为模数，例如，2500、2450，特殊可以 2520；

标注不能遮挡其他管线、风口及门窗等功能性构件，各标注相互间不能重叠和遮挡；

翻弯处管线须进行系统标注及定位标注；

标注时确认该数值是否为管线合理布置后的净高，参照标高是否为结构完成面（参照标高为建筑完成面和结构完成面并无本质差别，选择结构完成面主要是考虑通常在结构主体完成后就进行机电安装）；

重力排水系统标注时，标高仅标注重要节点，一般为起始点，结合坡度标注示意即可；

平面图中横向、竖向管线宜采用不同标注族标注，保证所有标注均为横向，保证图面美观；

标注时不能修改标注族字体大小、宽度系数、出图比例；

标注尽可能采用连续标注，禁止无规律随意标注；

同一管线未出现翻弯时，管线变径或管件连接后标高应相同；

标注应表达完整且具有指导施工作用。

3）图框套用

相关专业平面视图调整好后，BIM 工程师需对各平面视图添加对应的图框。为了保证图面清晰、美观，图框尺寸应与视图内容匹配，不能留有大量空白或过于拥挤。项目信息、图纸说明、图纸编号等信息需填写完备（图 6.12-13）。

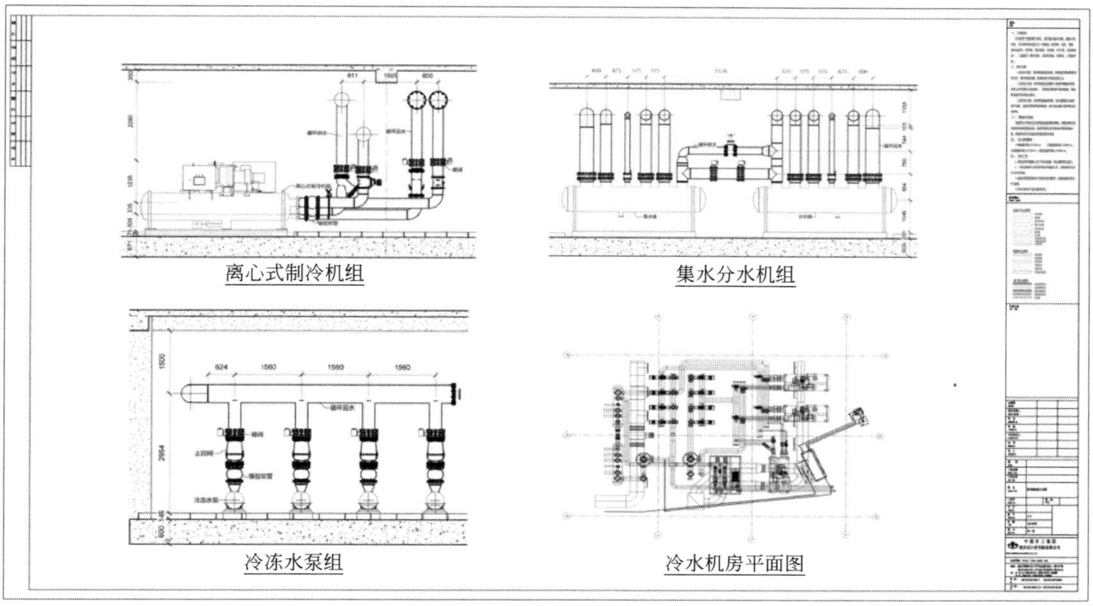

离心式制冷机组　集水分水机组

冷冻水泵组　冷水机房平面图

图 6.12-13　冷水机房图框套用

4）出图设置

在导出图纸前，还有一个关键步骤就是出图设置。对于导出 DWG 格式的图纸，应注意文件格式、外部参照的选择，文件格式建议为最低版本，且不将图纸上的视图和链接作为外部参照导出。如图 6.12-14 所示。

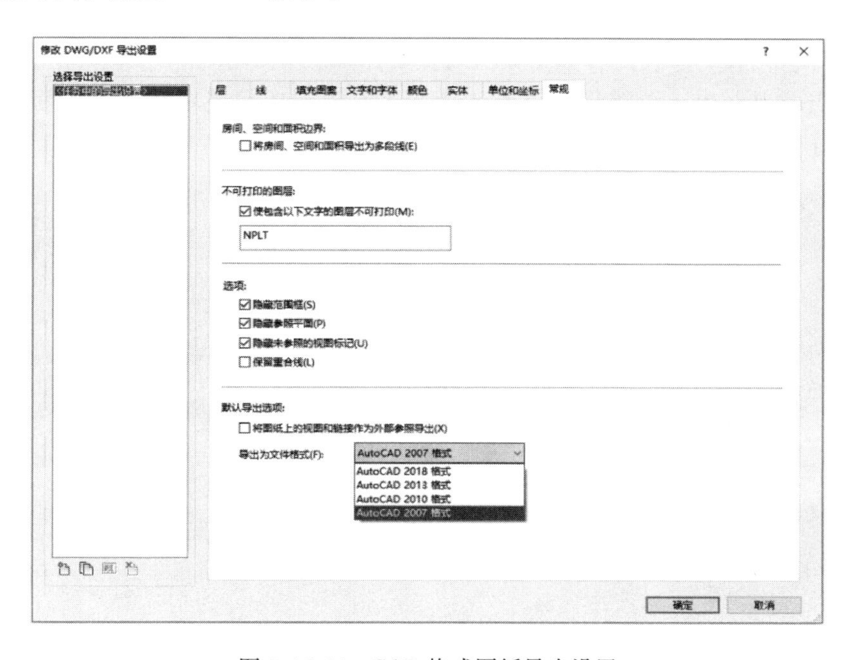

图 6.12-14　CAD 格式图纸导出设置

（3）轻量化模型制作

在交底或者协调会议上或成果移交给项目委托方时，常常需要展示 BIM 模型，而未经轻量化处理的 BIM 模型对电脑的配置要求较高，在操作 BIM 模型时也容易出现卡顿的现象。这时我们需要借助 Fuzor、Navisworks、Enscape 等软件或轻量化平台将 BIM 模型进行轻量化展示。

（4）工程量统计制作

BIM 模型是一个包含构件信息的数据库，基于深化完成的模型可以对土石方工程、基础、混凝土构件、钢筋、墙体、门窗工程、装饰工程，幕墙、机电管线、设备及附件等进行工程量统计。通过设置字段及统计关系，实时准确地提供所需的各种工程量信息，快速生成相关数据统计表。由于统计过程相对简单，且一般会在项目样板里设置完备，BIM 工程师直接查看使用即可，本节不再赘述（图 6.12-15）。

<结构框架明细表>

A	B	C	D	E	F
类型	体积	长度	结构材质	族与类型	合计
900X2000mm	15.94 m³	8856	混凝土，现场浇注 - C30	基础梁_矩形_混凝土: 900X2000mm	1
300x1000mm	5.12 m³	19717	混凝土，现场浇注 - C30	基础梁_矩形_混凝土: 300x1000mm	1
300x1000mm	6.32 m³	21701	混凝土，现场浇注 - C30	基础梁_矩形_混凝土: 300x1000mm	1
300x1000mm	7.81 m³	30560	混凝土，现场浇注 - C30	基础梁_矩形_混凝土: 300x1000mm	1
500x1000mm	5.10 m³	12000	混凝土，现场浇注 - C30	基础梁_矩形_混凝土: 500x1000mm	1
400x1000mm	7.47 m³	22500	混凝土，现场浇注 - C30	基础梁_矩形_混凝土: 400x1000mm	1
400x1000mm	7.56 m³	22750	混凝土，现场浇注 - C30	基础梁_矩形_混凝土: 400x1000mm	1
400x1000mm	5.86 m³	17500	混凝土，现场浇注 - C30	基础梁_矩形_混凝土: 400x1000mm	1
400x1000mm	7.20 m³	22500	混凝土，现场浇注 - C30	基础梁_矩形_混凝土: 400x1000mm	1
400x1000mm	7.29 m³	22750	混凝土，现场浇注 - C30	基础梁_矩形_混凝土: 400x1000mm	1
400x800mm	1.82 m³	7000	混凝土，现场浇注 - C30	基础梁_矩形_混凝土: 400x800mm	1
400x800mm	0.94 m³	3600	混凝土，现场浇注 - C30	基础梁_矩形_混凝土: 400x800mm	1
400x1000mm	7.65 m³	22500	混凝土，现场浇注 - C30	基础梁_矩形_混凝土: 400x1000mm	1

图 6.12-15　结构框架工程量统计表

（5）漫游视频制作

针对项目委托方关注的内容或复杂区域，利用 Fuzor、Enscape、Lumion 制作漫游视频，设定相应的视点和漫游路径，使得各种技术交流和项目展示信息更全面、感受更直观、效果更好（图 6.12-16）。

图 6.12-16　Enscape 三维可视化展示

6.12.2　交付成果

由项目执行负责人完成各专业模型、图纸、轻量化模型、工程量统计、漫游视频等成果的整理。

6.12.3　风险提示

（1）交付成果需在交付节点前提前制作完成，预留一定的弹性时间。

（2）各专业负责人需提前与项目执行负责人沟通，确定不同阶段成果提交区域、标准等，避免重复工作。

（3）若在规定时间不能完成成果提交时，项目执行负责人应提前与项目经理沟通，协调是否能延长成果提交时间。

6.13　施工交底

为了能够让BIM成果更好地为施工阶段服务，让施工人员准确地明白设计意图，一般在成果制作完成后，需对项目成果进行施工交底。交底形式为交底座谈会，交底对象主要为各施工班组组长，通常设计方及项目委托方均要参加，他们会对BIM成果做补充和强调，明确各方职责及施工注意事项（主要是净高管控和班组间协调配合），本环节同样是BIM深化设计中非常关键的一步，是实现BIM价值最直接的因素。

6.13.1　工作任务详解

（1）交底前准备工作

1）交底资料

交底资料主要包括：深化模型（复杂剖面视图），深化图纸，交底PPT，包括项目概况、净高要求、管线排布方案、标注原则（标注值的参考基点）、图例说明、复杂节点说明及标高控制、注意事项等，签到表，会议纪要。

2）汇报主讲人

主讲人须对项目非常熟悉且表达能力较好，有较强业务经验，能够回复相关方的提问，通常为项目执行负责人（或指定其他人）。主讲人需提前熟悉汇报资料，尤其是PPT内容，必要时模拟汇报。

（2）施工交底

汇报人将各专业的施工顺序及对施工重点和难点进行说明，尤其是净高要求、标注原则（标注值的参考基点）、复杂节点说明及标高控制等原则上的问题，然后由项目委托方及设计方进行补充，最后由施工方进行提问，BIM答疑，确保设计与施工的一致性（图6.13-1）。

6.13.2　交付成果

由项目交底汇报主讲人完成模型、图纸、交底PPT、会议纪要、会议签到表等成果的整理。

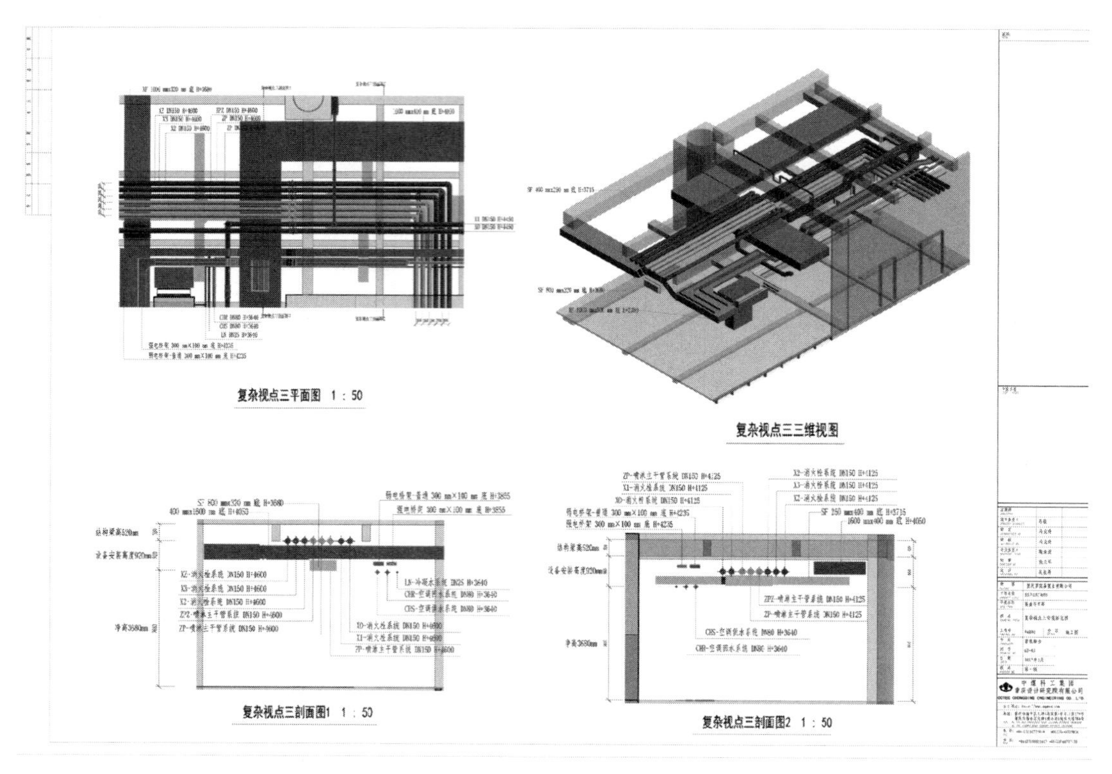

图 6.13-1 复杂视点安装固化图

6.13.3 风险提示

（1）交底会上一定明确 BIM 图纸的标注原则，及项目委托方的净高控制。

（2）对关键问题描述完后强调是否明白，并记录在会议纪要中及确认签字。

（3）必要时与施工人员讲解 Revit 软件的基本操作，便于其对模型进行查看以及对复杂节点进行理解。

6.14 后期服务

通常项目在最终成果交付完成后，BIM 团队还会根据现场施工进度进行一段时间的配合，直至 BIM 服务范围内的施工工序全部完成。配合方式为驻场服务和线上服务，具体以项目委托方需求为准。

6.14.1 工作任务详解

（1）驻场服务

驻场服务方式通常以大型项目为主，此类项目涉及专业多、施工难度大、质量要求高、现场协调困难，故需 BIM 工程师去协助项目委托方解决相应问题。BIM 驻场人员驻场主要协调、配合空调、消防、弱电、新风、排风、智能化、装饰等专业现场施工，尤其是就重难点位置对施工人员进一步讲解，使其理解设计意图，明确施工安装顺序。此外BIM驻场人员还应根据施工现场的突发情况，对BIM模型进行更新维护，提供解决方案。

BIM驻场人员驻场除解决施工现场问题外，还有一个重要的工作任务是监督施工现场是否按照BIM成果进行，若未按照BIM成果进行，应及时制止和拍照存档，告知项目委托方，避免返工、拆改造成的成本增加和工期延误。

（2）线上服务

线上服务方式是远程解决施工现场遇到的突发问题，此类项目相对难度较小，但BIM工程师必须对现场需求及时反应，做出相应对策，按时将成果或意见发送至项目委托方，以保证施工进度顺利推进。

6.14.2　交付成果

由项目实施团队成员根据项目委托方需求整理后期服务过程中产生的交付成果。

6.14.3　风险提示

（1）注意对后期服务内容的归档处理，应按项目委托方提出需求的时间顺序整理。

（2）注意整理记录项目沟通相关内容，形成沟通纪要。

第 7 章　项目监控阶段

在项目实施过程中，项目经理、项目执行负责人、专业负责人需要按照“质量管控标准”和“项目进度计划”对项目实施全过程进行监控，时时掌控项目范围、进度、人员、质量等各项工作状态，以便进行资源整体调度和进度调整，及时解决项目中存在的问题，控制项目风险。本环节提供了项目实施过程的可视性和可控性，使项目经理、项目执行负责人、专业负责人以及项目实施团队成员能在项目进展明显偏离项目计划时采取适当、有效的纠正措施，并跟踪纠正措施的执行情况及后续计划的实施过程，以确保项目的整体进度与预期一致。主要内容包括：项目跟踪分析（过程状态——每天或每周是否完成规定的工作目标）和项目评审（过程执行情况——完成的工作质量是否达到标准）如图 7.0-1 所示。

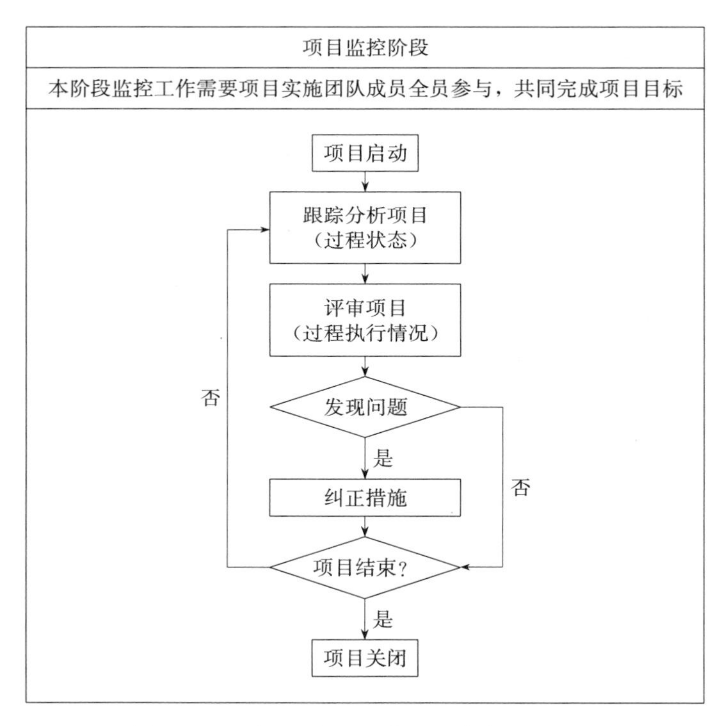

图 7.0-1　项目监控阶段主要工作任务流程图

7.1　项目跟踪分析

项目跟踪分析（过程管控）主要为督促项目实施团队成员高效完成每日工作任务，避免出现“前松后紧、节点加班、质量不高”的现象；监控项目进展，验证过程执行情况，发现问题，并根据问题出现的实际原因，确定是否制定纠正措施。项目过程管控的重点包括对项目范围、项目进度计划及项目质量的管理。

7.1.1 工作任务详解

(1)项目范围管理

项目经理依据项目合同范围，结合项目实施团队成员填写的“工作日志”“工作周报”内容进行分析，对工作内容和完成进度进行预判，对出现范围偏差的项目实施纠正措施(判断是否采取修改或重新规划等措施)，实施过程中时刻关注项目状态并验证结果，直到最后项目结束。

(2)项目进度管理

项目进度管理通常由项目经理统一协调管理，通过“工作日志”“工作周报”对项目进度进行整体管控，同时在项目执行中，项目执行负责人需与项目经理保持沟通，发现问题及时与项目经理汇报，保证项目能在规定期限内完成。月度或周工作计划有拖延时，找出原因并及时解决，以确保项目工期目标的实现。

1)工作日志

为了更好地对项目进度进行管控和偏差追踪，需要由项目实施团队成员对每日完成的工作内容梳理和总结，并填写项目工作日志。在每周例会之后，项目执行负责人召集项目实施团队成员，依据“工作日志”中拟定的个人每天完成的工作量，判断两者是否存在偏差。若存在，在偏差原因一栏进行说明，例如，团队人员协调配合问题、项目难度系数大、资源配置(人力、物力)方面问题、突发情况等导致进度推迟。若无故推迟，则列为生产不合格，并纳入年终绩效考核指标中。

对于出现进度偏差的项目，项目执行负责人及时向项目经理汇报，根据偏差原因决策相应的纠偏措施，并由项目经理或指定问题监督人对措施是否完成进行监督检查，若还是进度缓慢则需要重新制定纠偏措施，确保进度计划的有效推进。

2)工作周报

工作周报将项目进度计划按周进行梳理和强化，由项目执行负责人填写项目每周完成的工作内容，并作为周例会的召开依据和“工作日志”的基本参照。其中包括阶段性交付内容、上周完成情况、本周工作计划的内容。

①阶段性交付内容：依据项目进度计划中项目里程碑节点内容进行填写，包括交付时间节点；

②上周完成情况：对项目上周完成内容进行填报，若出现滞后，注明滞后原因，在周例会时讨论纠正措施，通常有修改需求、更新计划、增加资源、变更过程等；

③本周工作计划：根据进度计划中规定的交付节点，结合人力资源，拟定项目本周计划工作内容，包括完成时间节点。

7.1.2 交付成果

由项目经理完成“工作日志”“工作周报”等成果的整理。

7.1.3 风险提示

(1)确保项目实施范围与项目范围说明书一致。

（2）确保项目各执行板块按项目进度计划执行。

（3）确保进度无偏差，项目经理和项目执行负责人对关键里程碑节点加强过程跟踪。

（4）当发生项目冲突或项目需求变更时，及时变更或重新规划项目进度计划。

（5）填报“工作日志”“工作周报”时，项目执行负责人应适当监督，保证内容真实，防止虚假填报。

（6）允许存在合理偏差，但不能存在无故偏差。

7.2 项目评审

项目评审（质量管控）依据“质量管控标准”，同时借助一级校审、二级审核、三级审定的流程，对项目执行过程中每一项成果进行质量评审并输出相应质量控制报告单（参考表7.2-1）。若审查通过，审查人签字确认；若不通过，相关审查人在质量控制报告单中记录意见，作为修改/追溯依据，最后质量控制报告单将作为质量记录进行资料归档和保存。项目成果文件需要一直在各审查人之间传递直到修改完成后，才能对项目成果进行交付，从而保证设计质量。

7.2.1 工作任务详解

（1）一级校审

在项目执行过程中，由该项目专业负责人根据“质量管控标准”中的模型、图纸及其他成果核查项，结合项目需求对成果文件逐一检查并做相应记录。检查内容主要包括模型完整度，设备位置是否合理，管线优化原则，各专业碰撞数量，设计变更，图纸信息完整性及简洁美观等审查要点。本环节审查要点内容涵盖较全面，项目专业负责人可以按建模、深化、出图分阶段进行校审，对于过程中出现的变更及时做好修订和更新。项目专业负责人在该项目相应内容完成时开始校审，直至项目关闭。

（2）二级审核

由该项目执行负责人根据“质量管控标准”中的关键点检查项，结合项目需求对成果文件逐一检查并做相应记录，针对影响项目质量的关键点进行重点核查，若此阶段核查不到位可能会导致项目后期返工或重新优化等情况。项目关键点主要包括楼梯平台、入口大堂、电梯厅等关键位置的净高，各专业翻弯是否合理，大样做法是否缺失，检修空间是否留足，碰撞个数等内容，若校审结果不合格则继续修改。项目执行负责人在该项目每个里程碑节点（土建模型搭建完成、机电模型搭建完成、土建优化完成、机电管线平铺完成、机电管线标高调整完成、机电管线碰撞调整完成、土建预留洞口完成、机电管线系统标注、机电管线定位标注完成等）完成时进行审核，至最终项目关闭。

（3）三级审定

由项目经理根据“质量管控标准”，结合项目需求，对模型整体的内容、深度及质量进行审定，避免出现错误、缺项、漏项等原则性的问题，保证设计模型合理准确，审核设计成果整体质量，规范性、完整性等，若未达到管控标准，则继续返回修改，直到最终成果完整正确且满足项目委托方需求。本阶段校审时间为项目委托方阶段性交付成果及最终交付成果完成时，至项目关闭，根据交付节点输出质量报告。

质量控制报告单　　表 7.2-1

质量控制报告单						
位置	检查方法	检查内容	检查结果	审查人	负责人	整改意见
	目视检查/冲突检查/标准检查/元素验证					

7.2.2　交付成果

由项目经理完成一级校审“质量控制报告单”、二级审核“质量控制报告单”、三级审定“质量控制报告单”的整理。

7.2.3　风险提示

（1）确保各阶段交付成果达到项目委托方标准（若项目委托方无规定，则按照 BIM 团队标准考核）。

（2）项目执行负责人除对最终交付成果负责外，还应对过程性交付成果负责。

（3）所有对外交付成果必须经过严格审核后发送，勿擅自交付。

（4）本阶段填报的表格极为重要，须各审查人员真实填写。

第 8 章　项目收尾阶段

在合同范围内的服务内容完成后，项目进入收尾阶段。项目收尾阶段包括合同收尾和管理收尾两部分，合同收尾是与项目委托方校对是否完成了合同所有的要求，决定项目是否可以结束；管理收尾又称为行政收尾，管理收尾是对于项目内部而言，需要把通过验收的成果，移交给项目委托方，同时管理收尾还要进行经验、教训总结，以便实现持续性改进。合同收尾与管理收尾的关系如表 8.0-1 所示。

合同收尾与管理收尾的关系　　表 8.0-1

	合同收尾	管理收尾(行政收尾)
收尾对象	每个合同	每个阶段或项目结束
提前终止	双方协商一致,一方违约	需求不存在,能力达不到
两者关系	一个项目或阶段往往可以有多个合同	合同收尾在管理收尾之前进行,合同收尾中又包括管理收尾

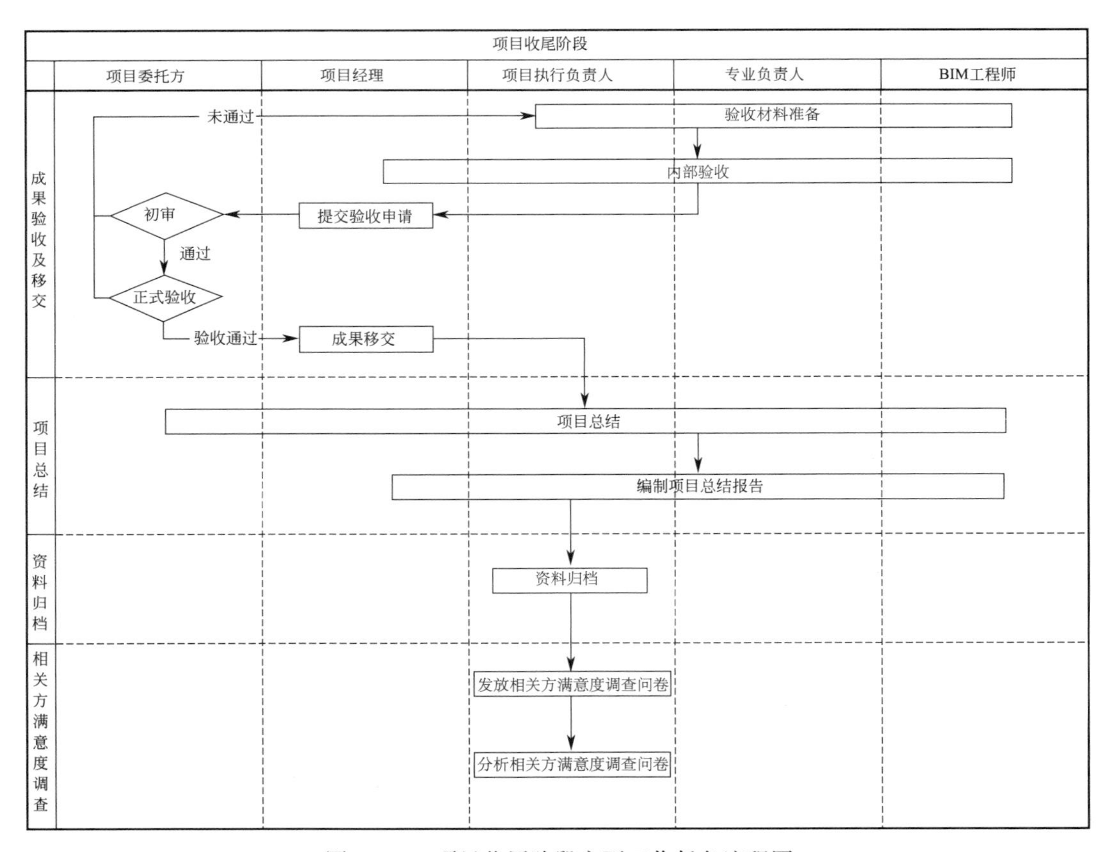

图 8.0-1　项目收尾阶段主要工作任务流程图

对于 BIM 咨询项目，在合同范围内的服务内容完成后，项目首先进入合同收尾阶段。由项目执行负责人组织项目实施团队成员依据合同要求，逐项准备验收资料，待项目委托方对项目成果验收通过后，移交项目成果，并对该项目进行经验教训总结，纳入组织过程资产，提高团队核心竞争力。

本阶段主要包括项目可交付成果正式验收及移交、项目总结、资料归档、相关方满意度调查，工作流程如图 8.0-1 所示。

8.1　成果验收及移交

成果验收，也称范围核实或移交，它是核查项目计划规定范围内各项工作或活动是否已经全部完成，可交付成果是否满足要求，并将核查结果记录在验收文件中的一系列活动。在项目成果经审核完成达到标准后，BIM 团队依据合同整理交付成果，移交成果给项目委托方，经项目委托方负责人验收签字后，完成成果移交。成果移交工作的完成标志着 BIM 项目实施正式结束。

8.1.1　工作任务详解

（1）验收材料准备

在项目收尾阶段或发起收尾申请之前，项目执行负责人和项目实施团队成员根据合同描述对项目模型成果、非模型成果进行整理，并按照交付成果填写“项目成果交付清单”。

（2）内部验收

内部验收是指 BIM 团队各专业负责人、项目执行负责人、项目经理参与验收的过程。项目验收材料准备完毕后，首先由各专业负责人依据成果验收标准进行自检，经检查达到合同验收标准后，再由项目执行负责人进行审核，最后由项目经理审定。

（3）成果验收及交付

经项目经理审定通过后，项目经理向项目委托方提交项目验收申请，同时正式提交“项目成果交付清单”及对应的项目成果。待项目委托方在收到项目验收申请后，项目验收小组首先结合合同和“项目成果交付清单”对项目成果进行完整性检查；经检查没有缺、漏项时，再组织对项目成果验收；最终项目成果满足协定验收标准后，项目经理对项目进行最终完全确认。

验收通过后，由项目经理整合成果交付文件，移交项目成果给项目委托方，同时项目委托方和项目经理需在“项目成果交付清单”上签字确认。其中“项目成果交付清单”一式两份，BIM 团队和项目委托方各保留一份。

8.1.2　交付成果

（1）项目成果交付清单；

（2）验收及移交成果主要包括 BIM 模型、各专业施工图、轻量化模型、工程量清单、漫游视频等，具体成果交付按照协定合同要求执行。

8.1.3　风险提示

（1）交付成果的交付格式应严格按照项目模型交付标准执行。

（2）在项目验收交付过程中发现的问题，应及时处理修改，避免影响项目交付节点。

8.2 项目总结

项目实施经验是项目实施团队的宝贵财富。在项目实施完成后，通过对项目进行复盘，发现实施过程存在的问题，总结项目经验教训，提炼实施成果，积累项目经验，为后续项目实施提供参考。

8.2.1 工作任务详解

（1）召开项目总结会

项目成果是全体项目相关方共同创造的，召开项目总结会很重要的意义就是让每个参与者更加系统和全面地了解项目，并在实际的项目中总结经验教训，从而不断提升自己的能力以及团队协作的能力。

1）会前准备

由项目执行负责人组织项目实施团队全部成员参与总结，主要对项目特点、实施过程中所遇到的问题及解决方案、注意事项等进行总结，制作汇报 PPT；同时还应将 BIM 成果准备齐全，包括模型、图纸、问题报告等。

2）确定会议日程

由项目执行负责人确定项目总结会召开时间、地点、会议记录人员以及参会人员等，并在召开项目总结会之前提前通知相关方。

3）会议流程

①主持人介绍会议主题、汇报人员、参会人员等。

②汇报人简要介绍项目实施情况，让参会人员了解项目情况；然后重点阐述项目实施过程中出现的风险、重难点问题，以及对应的解决方案；最后对项目部分成果进行展示并总结。

③交流、讨论。

参会人员对项目管理过程、项目执行情况、项目交付成果等方面提出合理的建议和意见，便于后续项目加以应用改进。同时项目参与者，应在会议中积极发言，充分表达个人意见和建议，有利于更加客观全面评价项目。

（2）编制项目总结报告

在项目总结会召开后，由项目执行负责人组织项目实施团队成员对项目实施过程进行复盘，并结合项目总结会会议内容，编制项目总结报告。

8.2.2 交付成果

（1）项目总结报告（详见附录 9）；

（2）会议纪要。

8.2.3 风险提示

（1）项目实施团队所有成员都应参与项目总结。

（2）项目总结会汇报人应是对整个项目十分熟悉的成员。

（3）在汇报前，汇报人应提前熟悉所有汇报内容。

（4）项目总结会中讨论、交流的问题都是项目相关方最客观真实的反映，可为改进后续项目实施等提供参考指导。

8.3　资料归档

资料归档是对项目实施过程中产生的过程性、结果性资料按照项目文件管理原则和架构进行分类、存储，便于保管和利用的过程。

归档应符合下列规定：

（1）归档文件必须完整、准确、系统，能够反映项目实施全过程；

（2）归档文件必须按照文档管理标准进行分类整理。

8.3.1　工作任务详解

（1）资料检查

在资料归档前，项目执行负责人要对归档文件（过程性文件、结果性文件）进行完整性、正确性、系统性检查，避免缺项、漏项。

（2）资料整理

资料检查无误后，根据文档管理标准对归档资料进行分类整理，完成资料归档。

8.3.2　交付成果

无。

8.3.3　风险提示

项目实施过程中，由于个人或配合原因易造成项目文档存放杂乱或项目文档遗失等情况，为避免此类事情发生，应建立项目文档专用文件夹，并对各类文档进行分类存放，在实施过程中也要对文档进行及时归档和整理。

8.4　相关方满意度调查

相关方满意度调查主要调查项目相关方对BIM团队服务的满意程度，通常就BIM服务质量、项目管理者沟通协调能力、处理问题的及时性、成果交付的质量、项目BIM应用效益等方面进行调查。通过对相关方满意度调查，了解项目实施团队是否正确理解并满足各相关方的需求和期望，并根据相关方满意度调查结果改进BIM咨询服务，不断提高客户的满意程度。

8.4.1　工作任务详解

（1）发放满意度调查问卷

在项目成果交付后，项目经理向相关方发放“满意度调查表”，礼貌告知调查问卷收回时间，其中调查方式可选择纸质或电子文档形式。

（2）收回满意度调查问卷

在规定时间内，项目经理收回相关方满意度调查问卷，以便后续对问卷调查结果进行分析。

（3）分析收集信息

项目经理对收集的满意度调查问卷进行分析，主要采用均值法分析。

均值法：计算每一项满意程度均值，并对照满意程度区间，详见表 8.4-1。填写满意程度，完成项目满意度调查统计表，详见表 8.4-2。

满意度级别及对应分值　　表 8.4-1

满意度级别	满意	比较满意	一般	不太满意	很不满意
统计结果区间	$100\geqslant X\geqslant 90$	$90>X\geqslant 70$	$70>X\geqslant 50$	$50>X\geqslant 30$	$30>X\geqslant 0$

××项目满意度调查统计表　　表 8.4-2

工程名称			
序号	调查内容	平均值	满意程度
1	服务态度及主动性		
2	市场咨询服务能力		
3	项目经理的工作能力和协调能力		
4	技术人员的技术能力和沟通能力		
5	与相关方相互协调配合能力		
6	处理问题的质量和及时性		
7	成果交付的及时性		
8	交付成果的质量		
9	项目 BIM 应用效益		
均值			
其他建议：			

8.4.2 交付成果

（1）××项目满意度调查（详见附录 10）；

（2）××项目满意度调查统计。

8.4.3 风险提示

（1）发放问卷调查时，温馨提示在一周内反馈此表。

（2）问卷收回截止日期前一天，询问相关方是否填写问卷，若还未填写，礼貌提醒尽快填写。

附　　录

附录1　质量管控标准

BIM设计模型质量管控标准					
项目名称					
序号	专业	部位/子项	核查控制项	审查结果	
				是否正确	是否修改
1	模型完整性	提交的模型文件是否完整，命名是否规范，各专业视图是否明确（平面、三维），出图楼层是否为单独规程，三维视图与出图楼层是否对应，三维视图角度是否为“前右”，模型保存界面是否三维视角（单层或整体）			
2	建筑	墙体	1. 墙体尺寸、定位等是否正确，建筑砌块墙顶标高是否至结构板底或梁底，墙底标高是否至建筑底板或结构梁板顶（降板区域）		
3			2. 楼梯间、夹层、暗装消火栓等位置墙体是否表达正确		
4		楼面	1. 楼面建筑完成面标高、开洞是否正确		
5			2. 建筑板与结构板之间回填厚度是否正确		
6			3. 降板区域表达是否正确		
7		屋面	1. 屋顶机房、楼梯检修口、排风井、固定窗、烟囱等构件设置是否正确		
8			2. 女儿墙、出屋面井道墙体与屋面的交接处理是否正确、做法与大样是否一致		
9		幕墙	幕墙门窗分隔尺寸是否正确，与结构梁、柱、板关系是否满足安装需求		
10		门窗、洞口	1. 门（防火门、卷帘门、人防门等）类型、尺寸、门窗洞口等表达是否正确		
11			2. 门窗距地高度、是否与结构碰撞、门窗高度是否满足规范		
12			3. 管道、洞口等是否影响门窗，门窗洞口距离楼地面、墙、柱面是否满足安装最低要求		
13		楼梯	楼梯建筑完成面是否表达，厚度是否与二维图纸一致		
14		台阶	台阶的标高、尺寸、踏步数量、位置是否与二维图纸一致		
15		栏杆、栏板、扶手	栏杆、栏板、扶手尺寸及位置是否正确		
16		电梯及自动扶梯	电梯门、基坑、井道尺寸是否正确，自动扶梯是否与扶梯大样一致		
17		坡道	1. 坡道坡度、净宽是否正确		
18			2. 车行坡道净高是否满足规范		
19			3. 行人坡道位置、标高、尺寸是否一致		

续表

BIM设计模型质量管控标准					
项目名称					
序号	专业	部位/子项	核查控制项	审查结果	
				是否正确	是否修改
20	建筑	停车区	1. 车位尺寸、位置是否正确，电动停车位、无障碍车位、机械车位等是否表达，车位净高是否满足要求		
21			2. 车道中心线是否表达		
22		排水沟、截水沟	排水沟和截水沟位置、尺寸、标高是否与二维图纸一致		
23		其他	建筑模型深度是否满足公司规定要求，是否表达设计图纸所有内容，是否正确表达设计意图		
24	结构	墙体	1. 结构墙类型与建筑墙体是否区别，结构墙厚度、尺寸等是否正确		
25			2. 穿墙体(剪力墙、人防墙)预留套管孔洞的尺寸及位置是否正确		
26		楼板	1. 楼板标高、坡度、厚度、开洞及降板区域是否正确		
27			2. 楼板与支座搭接关系是否正确		
28		梁柱	1. 梁柱布置、标高、尺寸是否正确		
29			2. 梁上翻及搭接关系是否正确		
30			3. 穿梁预留套管孔洞的尺寸及位置是否正确		
31			4. 加腋梁、变截面梁尺寸、方向、标高表达是否正确		
32			5. 梁柱连接关系是否正确(是否允许连接)		
33			6. 上下层柱竖向位置是否一致，尺寸是否合理		
34		柱帽	柱帽位置、标高、尺寸是否正确		
35		楼梯	1. 梯柱和梯梁是否影响门洞、窗洞的开启，梯板厚度是否正确		
36			2. 楼梯的标高、尺寸、踏步数量、位置是否一致		
37			3. 楼梯宽度、楼梯平台、梯段下净高是否满足设计要求		
38		坡道	坡道结构布置、标高、尺寸、坡度是否正确		
39		集水坑、电梯基坑、隔油池	1. 尺寸、位置、标高是否正确		
40			2. 位置是否与结构构件碰撞		
41			3. 坑底下层区域净高是否满足功能要求		
42		基础	基础尺寸标高是否与二维图纸一致		
43		其他	结构模型深度是否满足公司规定要求，是否表达设计图纸所有内容，是否正确表达设计意图		
44	给水排水	管道	1. 给水排水专业模型是否正确表达设计意图		
45			2. 管道配件是否正确，是否为样板中设置的配件		
46			3. 管道系统及尺寸是否与二维图纸一致，管道类型是否与管道系统一致		
47			4. 保温管道是否设置保温层，厚度是否与二维图纸一致		
48			5. 重力排水管道是否放坡，坡度是否与设计图纸一致，翻弯是否满足要求		

续表

BIM设计模型质量管控标准					
项目名称					
序号	专业	部位/子项	核查控制项	审查结果	
				是否正确	是否修改
49	给水排水	管道	6. 管道连接件是否正确，且不应设置在桥架、电机盘、仪表盘上方		
50			7. 立管不应遮挡门窗、风口、空调套管等功能性构件		
51		管道附件、阀门、仪表	管道附件、阀门、仪表是否设置且与二维图纸一致		
52		管井及设备机房	湿式报警阀间、水泵房、消防水池内管线和设备是否表达，尺寸、位置是否大致与二维图纸一致		
53		其他			
54	电气	桥架(线槽、母线)	1. 电气专业模型是否正确表达设计意图		
55			2. 桥架、线槽尺寸是否与二维图纸一致，变径处是否为底对齐		
56			3. 桥架是否穿越楼梯间、前室、管井、风井		
57		配件	桥架(线槽、母线)配件(水平弯通、垂直弯通、水平三通、水平四通)是否正确		
58		设备及设备房	开闭所、变配电所、柴油发电机房、配电间、弱电机房内的箱柜，电井内的竖向桥架及箱体是否表达，尺寸、位置是否大致与二维图纸一致		
59		其他			
60	暖通	管道及附件	1. 暖通专业模型是否正确表达设计意图		
61			2. 风管、采暖管道(含保温层)尺寸是否与二维图纸一致		
62			3. 阀门、风口布置及尺寸是否与二维图纸一致		
63			4. 油烟管是否采取不翻弯原则		
64			5. 冷凝水管是否放坡，坡度是否与设计图纸一致，翻弯是否满足要求		
65			6. 冷冻供回水主管与支管、主管及立管的标高关系是否满足要求		
66			7. 管线保温后顶部距梁底是否预留20～30mm的空间		
67		设备及设备房	制冷机房、锅炉房、空调末端机房内设备管线是否表达，尺寸、位置是否大致与二维图纸一致		
68		其他			
69	管线综合	排布	1. 是否对机电各专业管线进行“平铺、拉直、理顺”处理，平面是否美观		
70			2. 管线排布方案是否扣除支吊架(50～100mm)、吊顶做法(180～300mm)、地面做法(60mm)、施工误差(50mm)		
71			3. 成排管道底标高是否相同，是否为整数，是否具备设置支架及综合支架条件；成排管道中各专业是否分区布置；标高末位为0		
72			4. 管道(水暖电)之间的间距及管道与墙的间距是否合理；强、弱电桥架布置及间距是否合理		
73			5. 喷淋支管及喷头是否微调避开大面积或不必要的碰撞，喷头移位是否满足规范要求		

续表

BIM设计模型质量管控标准					
项目名称					
序号	专业	部位/子项	核查控制项	审查结果	
				是否正确	是否修改
74	管线综合	翻弯	1. 成排管线翻弯节点是否一致；管线上翻高度是否控制在100mm之内（直角翻弯满足管件即可）；翻弯角度是否一致，禁止出现管线连续翻弯		
75			2. 水专业各系统管线与其他系统交叉时，是否采用上翻（与电气专业交叉时，视情况而定）		
76			3. 桥架翻弯是否合理；桥架与风管交叉时，是否遵循桥架翻越风管的原则		
77		支架	管线支架预留高度是否合理，支架高度：公区≥80mm，其余区域≥100mm		
78		安装	1. 管道阀门净距是否满足安装及操作空间要求(300mm)		
79			2. 公区走道是否考虑商铺店招及空调百叶安装空间（店招预留400～600mm，空调百叶预留500～800mm）		
80		放线	是否预留电缆、电线穿线空间（左或右≥350mm，无梁楼盖距顶板≥300mm，有梁楼盖距梁≥50mm）		
81		检修空间	管线综合排布是否考虑检修位置，检修尺寸：≥350mm×350mm		
82	净高		1. 普通车位区、机械停车区净高是否满足要求，例如，机械停车区：车位净高不小于3.6m，车道不小于2.4m；普通车库：车道净高不低于2.4m，车位净高不小于2.2m		
83			2. 垃圾房净高是否满足要求，例如，垃圾房入口净高不低于4.5m，内部不低于5.0m		
84			3. 货运通道净高是否满足要求，例如，货运通道净高不应小于3.7m		
85			4. 电梯厅、入户大堂和入户前区（光厅）的净高是否满足要求		
86	碰撞		1. 喷头与结构板、结构框架的碰撞，总数≤1%（按检查区域的百分比计算）		
87			2. 机电管线之间的碰撞，总数是否≤1%（按检查区域的百分比计算）		
88			3. 机电管线是否与土建结构构件碰撞（预留预埋除外）		
签名栏			审查人：		
			日期：		

说明：1. 填写时间：项目成果按要求完成后24h内；
2. 输出：原则上一个项目一个，分阶段提交成果的项目，按阶段提交内容进行对应填写；
3. “是否正确”栏中，项目符合审查要点的填“√”；不符合的填“×”；没此项内容的填“○”。

BIM设计图纸质量管控标准					
项目名称					
序号	专业	部位/子项	核查控制项	审查结果	
				是否正确	是否修改
1	完整性规范性		1. 出图楼层是否为单独规程，三维视图与出图楼层是否对应，提交的成果是否完整，命名是否规范		
2			2. 提交的图纸文件是否清理未使用项		
3	底图		1. 建筑底图颜色是否为灰“8”		
4			2. 建筑底图是否仅保留功能房间(车库含车位)及功能房间名称、轴网编号，字体是否协调		
5	暖通	模型视图	1. 暖通出图平面中构件是否遗漏或多余		
6			2. 暖通风平面的出图模式是否为机械＋隐藏线＋风管透明 50%＋去掉风管中心线，暖通水平面出图模式是否为协调＋隐藏线，且是否表达空调设备		
7			3. 系统标注样式是否统一(标签 2.5-仿宋-0.7)，字段是否为系统＋尺寸＋BL:H＋标高		
8			4. 系统标注中标高值末位是否为 0		
9			5. 同一系统和相同排布的系统，系统标注中标高值是否一致		
10			6. 系统标注是否对变径、翻弯处进行表达		
11			7. 定位标注是否准确表达风管、风口的定位(风管边到墙/柱、风口中心到墙/柱，特殊情况可定位到轴线)		
12			8. 冷凝水主管不同坡向是否标注坡度，是否表达起点标高值		
13			9. 成排风管是否为集中系统标注		
14			10. 系统标注、定位标注同一区域是否对齐，整体是否简洁美观(不交叉，不重叠，不遮挡其他管线、门窗等功能性构件)		
15		图纸	1. 图纸中建筑底图是否锁定置底，是否为块、图层名称是否为建筑底图		
16			2. 图纸文件是否为 Autodesk CAD 2007 版本		
17			3. 图纸中构件表达是否完整(风管管件未丢失)		
18	给水排水	模型视图	1. 给水排水出图平面中构件是否遗漏或多余		
19			2. 给水排水平面的出图模式是否为协调＋隐藏线		
20			3. 系统标注样式是否统一(标签 2.5-仿宋-0.7)，字段是否为系统＋尺寸＋CL:H＋(－)标高，喷淋系统字段是否为尺寸＋CL:H＋标高		
21			4. 系统标注中标高值末位是否为 0		
22			5. 同一系统和相同排布的系统，系统标注中标高值是否一致		
23			6. 系统标注是否对变径、翻弯处进行表达		
24			7. 定位标注是否准确表达管道定位(管道中心到墙/柱，特殊情况可定位到轴线)		
25			8. 重力排水管道不同坡向是否标注坡度，是否表达起点标高值		
26			9. 成排管道是否为集中系统标注		
27			10. 系统标注、定位标注同一区域是否对齐，整体是否简洁美观(不交叉，不重叠，不遮挡其他管线、门窗等功能性构件)		

续表

BIM 设计图纸质量管控标准					
项目名称					
序号	专业	部位/子项	核查控制项	审查结果	
				是否正确	是否修改
28	给水排水	图纸	1. 图纸中建筑底图是否锁定置底,是否为块,图层名称是否为建筑底图		
29			2. 图纸文件是否为 Autodesk CAD 2007 版本		
30			3. 图纸中构件表达是否完整(水管管件未丢失)		
31	电气	模型视图	1. 电气出图平面中构件是否遗漏或多余		
32			2. 电气平面的出图模式是否为协调+隐藏线,是否设置桥架颜色		
33			3. 系统标注样式是否统一(标签 2.5-仿宋-0.7),字段是否为系统+尺寸+BL:H+标高		
34			4. 系统标注中标高值末位是否为 0		
35			5. 同一系统和相同排布的系统,系统标注中标高值是否一致		
36			6. 系统标注是否对变径、翻弯处进行表达		
37			7. 定位标注是否准确表达桥架定位(桥架边到墙/柱,特殊情况可定位到轴线)		
38			8. 成排桥架是否为集中系统标注		
39			9. 系统标注、定位标注同一区域是否对齐,整体是否简洁美观(不交叉,不重叠,不遮挡其他管线、门窗等功能性构件)		
40		图纸	1. 图纸中建筑底图是否锁定置底,是否为块,图层名称是否为建筑底图		
41			2. 图纸文件是否为 Autodesk CAD 2007 版本		
42			3. 图纸中构件表达是否完整(电气配件未丢失)		
43	管综平面图	模型视图	1. 管综出图平面中构件是否遗漏或多余		
44			2. 管综平面的出图模式是否为协调+隐藏线+风管透明 50%+去掉风管中心线,是否设置桥架颜色		
45			3. 系统标注样式是否统一(标签 2.5-仿宋-0.7),字段是否为系统+尺寸		
46			4. 管综平面是否对主要系统进行系统标注		
47			5. 成排管线是否为集中系统标注		
48			6. 系统标注同一区域是否对齐,整体是否简洁美观(不交叉,不重叠,不遮挡其他管线、门窗等功能性构件)		
49		图纸	1. 图纸中建筑底图是否锁定置底,是否为块,图层名称是否为建筑底图		
50			2. 图纸文件是否为 Autodesk CAD 2007 版本		
51			3. 图纸中构件表达是否完整		
52	预留预埋图	模型视图	1. 套管洞口高度是否与管线标高一致		
53			2. 套管洞口尺寸标注样式是否统一(标签 2.5-仿宋-0.7)		
54			3. 系统标注中标高值末位是否为 0		
55			4. 定位标注是否准确表达套管洞口定位(圆洞及套管中心到墙/柱,方洞边到墙/柱,特殊情况可定位到轴线)		

续表

BIM设计图纸质量管控标准					
项目名称					
序号	专业	部位/子项	核查控制项	审查结果	
				是否正确	是否修改
56	预留预埋图	模型视图	5. 尺寸标注、定位标注整体是否简洁美观(不交叉,不重叠,不遮挡其他管线、门窗等功能性构件)		
57		图纸	1. 图纸中建筑底图是否锁定置底,是否为块,图层名称是否为建筑底图		
58			2. 图纸文件是否为 Autodesk CAD 2007 版本		
59			3. 图纸中套管洞口表达是否完整		
60	剖面图	模型视图	1. 剖面中构件是否遗漏或多余		
61			2. 剖面的出图模式是否为协调+一致的颜色,是否设置桥架颜色		
62			3. 剖面视图比例是否为 1∶50		
63			4. 剖面是否表达管线定位标注		
64			5. 系统标注中标高值末位是否为 0		
65			6. 剖面中系统标注样式是否统一(标签 2.5-仿宋-0.7),标注字段(风管、桥架:系统+尺寸+BL:H+标高;给水排水:系统+尺寸+CL:H+标高)是否正确		
66			7. 系统标注、定位标注同一区域是否对齐,整体是否简洁美观(不交叉,不重叠)		
67			8. 剖面中层高、梁高是否标注,最低净高值是否体现		
68		图纸	1. 图纸中建筑底图是否锁定置底,是否为块,图层名称是否为建筑底图		
69			2. 图纸文件是否为 Autodesk CAD 2007 版本		
70			3. 图纸中各专业管线表达是否完整		
71	净高分析图	模型视图	1. 净高值是否扣除支吊架(50～100mm)、吊顶做法(100～300mm)、地面做法(50mm)、安装误差(50mm)		
72			2. 净高值与净高区间是否匹配		
73			3. 净高填充区域界线是否明确,填充是否遗漏		
74			4. 不同净高区间填充颜色是否界限分明		
75		图纸	1. 图纸中建筑底图是否锁定置底,是否为块,图层名称是否为建筑底图		
76			2. 图纸文件是否为 Autodesk CAD 2007 版本		
签名栏			审查人:		
			日期:		

说明:1. 填写时间:项目成果按要求完成后 24h 内;

2. 输出:原则上一个项目一个,分阶段提交成果的项目,按阶段提交内容进行对应填写;

3. "是否正确"栏中,项目符合审查要点的填"√";不符合的填"×";没此项内容的填"○"。

附录 2　项目章程

<table>
<tr><td colspan="4">项目章程</td></tr>
<tr><td>项目名称</td><td colspan="3"></td></tr>
<tr><td>项目委托方单位</td><td colspan="3"></td></tr>
<tr><td>联系人</td><td></td><td>联系电话</td><td></td></tr>
<tr><td colspan="4">项目描述：</td></tr>
<tr><td colspan="4">项目需求：</td></tr>
<tr><td colspan="4">里程碑进度计划：</td></tr>
<tr><td colspan="4">项目沟通要求：</td></tr>
<tr><td colspan="4">项目质量控制：</td></tr>
<tr><td colspan="4">相关方登记册：</td></tr>
<tr><td colspan="4">项目验收要求：</td></tr>
<tr><td colspan="4">项目经理及其权责：</td></tr>
<tr><td colspan="4">项目经理：　　　　单位：　　　　　　　　联系电话：
主要成员：</td></tr>
</table>

附录 3　会议纪要

<table>
<tr><td>会议主题</td><td></td></tr>
<tr><td>会议时间</td><td></td></tr>
<tr><td>会议地点</td><td></td></tr>
<tr><td>参会人员</td><td></td></tr>
<tr><td>记录人</td><td></td></tr>
<tr><td colspan="2">（会议内容 / 会议决策 / 下一步工作安排）</td></tr>
<tr><td>参会人员签字</td><td></td></tr>
</table>

附录 4　××项目进度计划

一、项目基本情况																			
项目名称						项目编号					项目执行负责人					审核人			
二、项目进度计划																		实际完成情况	偏差完成情况
阶段	序号	工作内容	输出成果	项目成员		5/23	5/24	5/25	5/26	5/27	5/28	5/29	5/30	5/31	6/10	6/11	6/12		
				负责人	参与成员														
启动	1	建立项目通讯录	通讯录																
	2	识别相关方	相关方登记册																
规划	3	拟定项目进度计划	项目进度计划表																
执行	4	建筑专业模型搭建	建筑模型																
	5	结构专业模型搭建	结构模型																
	6	给水排水专业模型搭建	给水排水模型																
	7	电气专业模型搭建	电气模型																
	8	暖通专业模型搭建	暖通模型																
	9	全专业模型校核	问题报告																
	10	第一次项目沟通会议	会议纪要																
	11	建筑总图	建筑总图施工图审查模型																
	12	机电及土建问题报告	问题报告																

续表

一、项目基本情况																			
项目名称					项目编号				项目执行负责人					审核人					
二、项目进度计划																			
阶段	序号	工作内容	输出成果	项目成员		5/23	5/24	5/25	5/26	5/27	5/28	5/29	5/30	5/31	6/10	6/11	6/12	实际完成情况	偏差完成情况
				负责人	参与成员														
执行	13	场地视频模型修改	场地模型																
	14	建筑及结构专业修改	机电模型																
	15	暖通、给水排水及电气专业修改	机电模型																
	16	机电管线标高调整	机电模型																
	17	机电综合排布及管线翻弯	机电模型																
	18	第二次项目沟通会议	会议纪要																
	19	暖通、给水排水及电气专业出图	机电图纸																
	20	成果汇总及校核	模型及图纸																
监控	21	BIM 模型校审	质量控制报告																
	22	BIM 设计图纸校审	质量控制报告																
收尾	23	成果验收及移交	项目成果交付清单																
	24	项目总结	项目总结报告																
	25	资料归档																	
	26	相关方满意度调查	相关方满意度调查问卷、问卷统计分析																

附录 5　项目重难点分析

住宅项目重难点分析				
区域	序号	实施节点	问题分析	解决方案
住宅车库	1	车道区域	1. 管线与土建空间协调问题 2. 机电管线美观性问题 3. 有限层高下的净高问题	1. 结构梁尺寸优化或上翻处理 2. 将管线交汇处调整在梁窝翻弯 3. 压缩风管尺寸，提升净高 4. 综合管线平铺、调整路径方案
	2	配电系统	1. 桥架翻弯美观性问题 2. 放线空间不足问题 3. 配电位置设置不合理问题 4. 照明桥架美观及净高问题	综合管线平铺、调整路径方案
	3	消防暖通系统	1. 风口与土建碰撞问题 2. 风管尺寸设置不合理，影响净高问题 3. 风管位置布置不合理，影响美观问题 4. 风管与其他管线协调问题	1. 压缩风管尺寸，提升净高 2. 复核风口尺寸，合理设计 3. 综合管线平铺、调整路径方案
	4	车位区域	1. 管线与土建空间协调问题 2. 机电管线美观性问题 3. 私家车位对车道排布影响问题 4. 消火栓与车位协调问题	1. 结构梁尺寸优化或上翻处理 2. 将管线交汇处调整在梁窝翻弯 3. 压缩风管尺寸，提升净高 4. 综合管线平铺、调整路径方案
	5	排水系统	1. 管线空间布置不合理，与其他管线协调问题 2. 重力排水管道放坡后，净高问题 3. 地下埋管埋线凌乱问题 4. 立管与土建碰撞问题	1. 综合管线平铺、调整路径方案 2. 将管线交汇处调整在梁窝翻弯，提升净高
	6	车库坡道出入口	1. 管线与土建空间协调问题 2. 机电管线美观性问题 3. 净高问题	1. 结构梁尺寸优化或上翻处理 2. 管线穿梁处理 3. 综合管线平铺、调整路径方案
	7	车库入户大堂	1. 入户管线密集 2. 净高及美观性问题 3. 入户前区灯带与管线的协调问题	调整路径方案，控制净高，水管节点处理
	8	楼梯间	1. 管线穿越楼梯间，楼梯间美观性问题 2. 楼梯间净高问题	1. 调整路径方案，将管线从车位绕行 2. 压缩大尺寸管线，提升净高
	9	防火卷帘	1. 防火卷帘与人防门框协调问题 2. 有限净高下，卷帘包厢与梁柱、机电管线协调问题	1. 综合管线平铺、调整路径方案，避免管线与防火卷帘交叉 2. 调整卷帘位置及尺寸
	10	挡烟垂壁	1. 有限层高下，垂壁与结构协调问题 2. 机电管线穿越垂壁问题	1. 综合管线平铺、调整路径方案 2. 调整垂壁位置
	11	电气设备用房	1. 电缆放线问题 2. 设备房检修问题 3. 箱柜与横竖向桥架协调问题	1. 合理的实施设备基础及管线的安装，避免管线、设备移位改动 2. 三维模型校核检查

续表

住宅项目重难点分析				
区域	序号	实施节点	问题分析	解决方案
住宅车库	12	风机房	1. 机房净高问题 2. 机房检修问题	1. 调整风管尺寸 2. 改变风管出口方向 3. 三维模型校核检查
	13	泵房	1. 泵房净高问题 2. 泵房检修问题 3. 机电管线美观性问题 4. 设备运输及安装路线问题	1. 合理的实施设备基础及管线的安装，避免管线、设备移位改动 2. 三维模型校核检查
	14	水井电井风井	1. 竖向主管与水平横管协调问题 2. 竖向管道与梁碰撞问题 3. 井道空间不足问题 4. 检修问题	1. 合理的管线排布，避免井道空间位置局限、与梁碰撞返工修改 2. 调整路径方案，避让井道
	15	预留预埋	1. 一次机电管线是否固化问题 2. 管线多，预留空间不足问题 3. 预埋尺寸与土建尺寸不匹配问题 4. 人防预留与一次机电协调问题	综合管线平铺、调整路径方案，控制净高，避免碰撞
	16	集水坑	1. 集水坑及管线与基础碰撞问题 2. 管线检修问题	1. 合理调整位置 2. 优化管线出线形式
	17	标识	美观及净高问题	标识节点优化管线净高
住宅塔楼	18	电梯厅	1. 净高问题 2. 管线与吊顶协调问题 3. 检修问题	1. 管线穿梁 2. 调整管线路径 3. 合理管线排布
	19	楼梯	楼梯净高问题	调整楼梯平台高度
	20	室外综合管网	1. 排水合理性问题 2. 埋深问题 3. 地面风井与景观协调问题	1. 复核排水坡度 2. 优化埋深 3. 优化风井位置
	21	外立面	1. 外立面与窗碰撞问题 2. 外立面雨水管露出问题	1. 外立面造型 2. 外立面碰撞
商业项目重难点分析				
区域	序号	实施节点	问题分析	解决方案
商业	1	包含住宅所有内容		
	2	空调	1. 空调水翻弯影响空调效果问题 2. 空调保温、排水影响其他管线标高问题 3. 空调风管末端与装饰衔接问题 4. 空调与装饰吊顶碰撞问题	1. 利用梁窝安装风机盘管，减少空调专业与其他专业碰撞，提升整体标高 2. 综合调整空调排水安装高度，确保其他管线能够安装，同时满足排水找坡及检修 3. 尽可能将空调水管放置靠下部位置
	3	支吊架	1. 参与方较多且独立设置支架，影响美观及检修问题 2. 管线多，综合排布困难，支架空间有限问题	综合布置管线，同一专业走一层，多个专业走多层

续表

商业项目重难点分析				
区域	序号	实施节点	问题分析	解决方案
商业	4	装饰	1. 机电管线标高与装饰净高不匹配问题 2. 机电末端点位与装饰造型协调问题(综合吊顶问题) 3. 装饰预留空间不足问题 4. 装饰造型(风带、灯带、艺术装置)与机电管线协调排布问题 5. 防排烟风口隐蔽处理问题 6. 装饰墙面与机电末端协调问题 7. 放线及检修问题 8. 店招、空调百叶与装饰协调问题	1. 优化排布方案,提升净高,避免与吊顶冲突 2. 提前考虑装饰造型对管线排布的影响 3. 考虑防排烟风口利用软管接至风带 4. 预留合理的检修空间
	5	影院大厅	1. 影院净高与机电设备、管线冲突问题 2. 个性化装饰造型与机电管线及末端的协调问题 3. 走道空间局限与空调的安装检修问题	1. 综合管线平铺、调整路径方案,提升净高 2. 优化排布方案,避免特殊造型与管线冲突 3. 综合排布管线,预留设备安装及检修空间
	6	超市区域	1. 空调专业与消防专业协调问题 2. 超市净高与机电安装空间的协调问题 3. 超市货运通道与机电管线协调问题 4. 超市入口及走道净高问题 5. 重力排水问题	1. 综合管线平铺、调整路径方案,提升净高,避免主管碰撞 2. 管线综合排布,预留安装及检修空间 3. 压缩主管尺寸 4. 排水管线优先排布
	7	地下商业街	1. 地下商业街净高局限与机电管线协调问题 2. 商业街店招问题 3. 商铺及走道空调送回风问题 4. 商铺排油烟及检修问题	1. 优化排布方案,保证净高及检修空间 2. 提前考虑店招、空调排风位置 3. 压缩造型空间
	8	中庭走道	1. 公区净高、舒适度与防排烟、空调间的协调问题 2. 装饰造型与机电末端的协调问题 3. 空调风管末端与装饰衔接问题 4. 放线及检修问题 5. 防火卷帘、挡烟垂壁与装饰造型的协调问题 6. 消防水炮与走道装饰立面造型的衔接问题 7. 扶梯造型与消防喷淋协调问题 8. 防火卷帘与栏杆边界问题 9. 重力排水问题	1. 综合管线平铺、调整路径方案,提升净高 2. 优化排布方案,保证净高及检修空间 3. 合理排布管线避开卷帘门包厢及挡烟垂壁空间 4. 排水管线优先排布

续表

商业项目重难点分析				
区域	序号	实施节点	问题分析	解决方案
商业	9	前室电梯厅	1. 前室、电梯厅机电空间与装饰净高协调问题 2. 放线及检修问题	综合管线平铺、调整路径方案，提升净高
	10	主力店	1. 净高要求高 2. 管线复杂，重力排水影响管线净高 3. 排油烟管是否影响其余管线，未设有方便运维的检修口 4. 分合铺问题 5. 外街店招、空调百叶与装饰协调问题	1. 综合管线平铺、调整路径方案，提升净高，提高商铺品质 2. 优化排布方案，保证净高及检修空间 3. 提前考虑分合铺，预留主力店机电调整空间 4. 避免在外街设计机电主管
	11	屋面风机及风管	1. 屋顶风机检修空间问题 2. 屋顶风管排布与美观问题	合理深化屋面风机布置位置，预留检修通道
	12	外立面幕墙	1. 幕墙端部收口与机电管线碰撞问题 2. 幕墙与风口、消防救援窗衔接问题 3. 幕墙与泛光照明、广告衔接问题	1. 避开商业外街设置机电主管 2. 对幕墙关键节点进行碰撞检测

附录 6　××项目问题报告

×××项目 BIM 协同设计问题报告

报告日期：20××年××月××日
报告版本：BIM 协同报告_001

×××项目 BIM 深化设计

工程编号：__________工程规模：__________，______型

法定代表人：
技术负责人：
项目负责人：

报告说明：

· 本次报告依据收到的项目资料“××”完成；

· 碰撞报告编号：

根据问题发现先后顺序按照“BIM_001” 格式进行编号排序，按照项目楼栋专业分类别记录项目存在的问题；

· 将项目存在的问题分为 A、B、C 三类：

A 类：影响工程施工或建成后会影响使用功能的问题；

B 类：专业间有冲突，但现场有空间或余地调整的问题；

C 类：图纸类问题，比如图纸不完整，前后矛盾等问题；

· 专业命名简写：

Z：总平面；A：建筑；S：结构；M：暖通；P：给水排水；E：电气；

· 问题处理及回复：

请根据项目存在的问题，在本报告单页的最下方及时给予处理方案回复。

问题概述：

<table>
<tr><td rowspan="2">编号</td><td rowspan="3">协同说明</td><td rowspan="3"></td><td>图纸名称</td><td></td><td></td><td></td></tr>
<tr><td>图纸编号</td><td></td><td>问题级别</td><td></td></tr>
<tr><td></td><td>轴网焦点</td><td></td><td>专业级别</td><td></td></tr>
<tr><td colspan="3">设计资料附图</td><td colspan="4">BIM 附图</td></tr>
<tr><td colspan="3"></td><td colspan="4"></td></tr>
</table>

<table>
<tr><td rowspan="2">BIM 建议</td><td rowspan="2"></td><td>创建人</td><td></td></tr>
<tr><td>创建日期</td><td></td></tr>
<tr><td rowspan="2">答复意见</td><td rowspan="2"></td><td>答复人</td><td></td></tr>
<tr><td>答复日期</td><td></td></tr>
</table>

附录 7　机电系统综合协调原则

序号	专业/部位	协调原则
1	给水排水	虹吸雨水管顺水流方向不能上翻，管道不能呈上“凸”和下“凹”状
2		重力排水管线不应上翻，且要预留合理放坡空间，其他管线避让重力流管线
3		水管与桥架分层布置且走向相同时，水管不能在桥架正上方
4		桥架在水管上方水平或交叉布置时，需预留有足够空间(≥100mm)
5		水管不应布置在电机盘、配电盘、仪表盘上方
6		管线外壁之间的最小距离不宜小于 100mm
7		管线阀门不宜并列安装，应错开位置；若需并列安装，净距应确保安装及操作空间
8	电气	敷设桥架时，桥架顶距板底应预留 150mm 以上空间(过梁处距梁底不得小于 20mm)，与其他专业之间的水平距离尽量保持≥150mm
9		两组电缆桥架的平行间距：考虑穿线及分支管的情况下，不小于 150mm；不考虑穿线及分支管的情况下，不宜小于 50mm
10		桥架距墙壁或柱边净距≥100mm
11		电缆桥架多层安装时，层间距：控制电缆间不小于 100mm，电力电缆间不小于 150mm，弱电电缆与电力电缆间不小于 100mm(强电安装在上层)
12		电缆桥架不应敷设在液体管道的正下方
13		桥架上下翻时要放缓坡，角度控制在 45°以下；母线走最上层，直角翻弯
14		桥架不应穿越楼梯间、空调机房、管井、风井等
15		如果强电桥架与弱电桥架上下安装时，优先考虑强电桥架安装在上方
16	暖通	风管与桥架之间的净距离≥150mm
17		风管的外壁、消声器等管路最突出的部位，距墙壁或柱边的净距应≥100mm
18		风管保温后顶部距梁底宜预留 20～30mm 的间距
19		如遇到空间不足的区域，可调整风管断面尺寸或改变路由，尽量提高安装高度
20		风管较多时，原则上排烟管应高于其他风管，大风管应高于小风管。两个风管如果只是在局部交叉，可以安装在同一标高，交叉的位置小风管翻大风管
21		风管与桥架和冷冻水管交叉时，原则上桥架翻越风管，风管翻越冷冻水管
22		冷冻水管道：空调末端设备(吊装式)接口不低于空调支管，支管高于水平主管；水平管道应直线安装，在现场无法完全满足直线安装的情况下，可考虑从末端支管至立管方向，管道下翻，但不能上“凸”和下“凹”
23		冷凝水应考虑坡度，末端设备至水平干管坡度不小于 1%，干管顺排水方向应考虑不小于 0.5%的下行坡度，末端设备尽量提高安装，有利于提高冷凝水管高度，冷凝水管水平走向不能过长，尽量控制在 30～40m 以内
24		吊顶内的排烟风管需设置保温，厚度可按 30mm 考虑

续表

序号	专业/部位		协调原则
25	车库	通用	管线交叉位置宜设置在车位上方
			减压阀组等大型设备级阀件应避开车道，安装在车位上方
			车位指示灯安装在车位前 1000mm 处，高度为 2400mm
			人防区防爆闸阀距墙≤200mm，阀门全开启状态时，顶部距顶板≥100mm
			穿人防墙的套管需根据管综模型确定平面位置及标高
			管道顶距顶板预留检修空间
			桥架穿人防剪力墙详细做法，穿管数量及排布原则由设计及相关规范确定
		无梁楼盖	风管布置在最上层(风管顶距楼板底预留 50～80mm 的操作及法兰安装空间)；其余管线布置在下层，尽量采用相同底标高，以减少管线的层数，便于提高净高，管线相互交叉时，尽量利用上部空间进行翻越，以节约层高；当有较大的机电管线交叉时，尽量将交叉位置设置在车位的上方
			当标高充裕时，喷淋支管贴风管安装，当风管长边大于等于 1200mm 时，按照规范要求在风管正下方需加设一个下喷头；当标高不充裕时，喷淋支管与风管走同层，与风管交叉时，下翻避开风管，当风管长边大于等于 1200mm 时，不能在风管正下方安装喷头的情况下，可在与风管同层的管道两侧各加一个下喷头；所有上喷头利用风管与顶板之间的空间安装
		有梁楼盖	对有梁楼盖的地下车库，管线较多时，喷淋主管贴梁布置，利用梁窝安装上喷支管及喷头；在层高充裕的情况下，风管尽量单独布置一层，其余管线布置在另一层，避免管线交叉时频繁地翻越；风口下方不能布置管道，其他管线需避开风口布置，管线相互交叉时尽量利用梁窝翻越，以节约层高
			当标高不充裕时，风管贴主梁安装，其余管线与风管同层，喷淋支管上翻贴次梁安装，管线相互交叉时尽量利用梁窝向上翻越
			当标高充裕时，其余管线与风管同层，风管与主梁之间预留 80～100mm 的空间安装喷淋支管，减少翻弯，管线相互交叉时，利用上部空间翻越
26	主力店		通常管线可穿越防火卷帘顶部安装，在空间不足时，桥架需穿梁敷设(桥架不穿商铺)
			若无法满足管线安装原则和层高，管线需避让防火卷帘安装
			虹吸雨水支架形式较特殊，对安装空间的要求较高，一般布置在最上层，其他管线与虹吸雨水管交叉时，需避让虹吸雨水管，在梁窝内进行翻弯
			送风主管排布在中间，方便两侧开口接支管，利于风量平衡。对于顶送风口较多的区域，风管尽量布置在最下层；对于有较多送风口的空调系统，其送风口宜均匀成排布置。防排烟管道较大，在进入超市后尽量靠墙安装，不进入中心位置，减少与其他管道交叉，提升室内净高
			管线与梁平行安装时，管线与梁之间需为其他管线预留≥350mm 的翻越空间，消火栓、喷淋主管尽量靠边墙安装，以减少交叉，从而提升净高
			对于无吊顶的后勤通道，防排烟风口宜安装在侧墙上，减少排烟风口安装所需空间，提高通道净空

续表

序号	专业/部位	协调原则
27	商铺	当商铺中央必须穿越大风管时，建议将空调器成排安装在大管两侧，风管贴主梁安装
		当空调器无法安装在梁窝内时，须避开主梁贴次梁安装，尽量提升净高，其他管线避让设备
		穿越商铺的较大管线尽量沿墙安装，以提升商铺的净高
		喷淋主管及其余管线与风管低标高一致，喷淋支管利用次梁与主风管的空间翻越
		平行梁的商铺内空调末端设备尽量利用梁窝安装，提升整体净高
		空调水主管进商铺尽量靠墙安装，减少与其他管线的交叉
		其他管道与空调水管道交叉时，利用梁窝翻越
		空调设备出风口前端须预留出不小于3m的空间，以便后期接风管
		风机盘管安装在梁窝内，提升商铺标高
		空调主管、消防主管等管道贴主梁且靠墙安装，减少商铺中心区域的交叉
		对于面积较小的小商铺，在满足防排烟的规范下，排烟风口尽量安装在进户的位置，减少与其他管线的交叉
		当风机盘管前端位置有大梁导致送风管无法水平连接时，可将风管局部下翻至梁下安装
28	商业公区	公区管线排布，需考虑防火卷帘的安装位置及尺寸（双轨双帘安装高度为600mm，折叠式安装高度为650mm）；防火卷帘顶部需预留穿管空间
		若公区采用变截面梁，为了更好利用空间，提高安装净高，设备及风管安装在靠中庭侧，设备安装在梁窝内，风管尽量贴梁安装（如有侧送风口，需结合精装修方案综合考虑侧送风口的安装定位和侧送支管安装空间）
		其余管线安装在设备及风管下方，上下层管线之间的净空需满足桥架放线、喷淋支管上翻及后期的检修需求（≥250mm）
		冷冻水与设备之间的水平距离需满足软接和支管的安装（≥300mm）
		卷帘外侧需预留店招安装空间，店招外需预留≥250～350mm的空调百叶带及检修空间
		若梁下空间不能满足安装要求，需要将管线穿梁或绕开大梁敷设
		若必须穿梁，预留洞口（套管）的定位及尺寸需经结构设计确认
		需充分考虑防火卷帘的安装尺寸，折叠式卷帘按照650mm、双轨双联卷帘按照600mm高考虑
		若卷帘安装在大梁下无法满足净高要求，防火卷帘需错开大梁安装
		空调器贴次梁或利用梁窝空间安装，空调器接口不低于空调水支管，支管高于主管安装，风口设于公区两侧，均匀送风
		桥架、水管宜分别成排布置在公区两侧，方便管线检修
		空间满足时，设备下方尽量少敷设管线，便于设备检修
		对于较宽的走廊，桥架与水管分别排布于走廊的两侧，风口均匀布置在桥架与风管之间；走廊的两侧管线距墙必须预留≥350mm的检修空间
		对于井字梁的结构，空调设备尽量贴次梁安装，以减少安装所占的净高

续表

序号	专业/部位	协调原则
29	商业电梯厅	设备及送、回风管布置在梁窝内，空调水支管上翻接驳设备，保证设备的接口高度不低于支管高度
		其余管线尽量成排安装，在平面安装空间不足的情况下，采用多层布置，冷冻水管水平安装，其余管线避让冷冻水管
		需考虑送、回风百叶的安装空间及管线的检修空间(≥350mm)
		风机盘管利用梁窝空间安装，空调器利用风机盘管下方空间安装
		风口均匀设置在电梯厅两侧，送风口宜设置在电梯轿厢侧
		桥架及风管布置在电梯厅一侧，水管布置在另一侧
		走道两侧预留不小于 350mm 的检修空间
30	商业后勤通道	管网较复杂的区域，采用多层排布，桥架或母线排布在最上层，其余管线根据检修和进户标高要求综合考虑排布方式(必须预留出重力排水的放坡空间)
		空调冷冻水管安装的原则：支管高于主管，吊顶式空调设备接口不低于支管
		后勤走道设备利用梁窝安装，预留送回风管及风口安装空间
		桥架贴梁安装在上层，若桥架下层需安装设备，桥架利用梁窝上翻，提升设备安装高度
		管道入户时，支管尽量上翻进入户内，提升户内净高
		空调设备水管接口不低于空调水支管的原则
		对于有梁楼盖，桥架置于最上层贴梁安装，可利用梁窝进行线缆敷设及检修，走道一侧(至少)预留不小于 350mm 的检修空间
		因餐厅区标高要求较高，所以将进入餐厅区的风管安装在上层，厨房区域对标高要求低，将厨房送排风及排油烟管安装在下层
		因空调水管需不断上翻去接支管或末端设备，所以出水管井的空调水主管安装在下层
31	制冷机房	机房管道尺寸较大，为提升空间，主水管通过水平绕弯尽量单层布置，也便于整体支架设置
		机房设备定位、管线排布预留行走及检修通道，便于维护管理
		机房其余管线设置于主水管之上，利于机房管线接驳设备
		为保证机房美观及通道尺寸，尽量采用大跨距落地支架，支架尽量靠墙或利用结构柱安装
		主要管线采用同一标高，大跨距支架得以充分利用
		设备之间的间距合理，提升观感，便于检修
		冷却水进出口管道采用双层支架
		主机管道最低处设放空管接入机房地沟
		落地支架成排成线，冷冻水弯管支撑采用防冷桥措施，支架底部设护墩保护
		水泵成排安装时，供、回水管及阀门分别安装在一条线上
		回水管底装放空管接入地沟；弯管支架设防冷桥措施，底部设护墩保护
		相同水泵的阀门安装于同一高度，阀门间短管长度为 150～300mm，相同水泵短管长度相同；软接头宜加装限位杆，确保使用安全
		卧式水泵安装时需设置减震台座，台座的重量与水泵的运行重量相匹配
		由于主机冷冻水接口与冷却水接口的间距不满足水泵并排安装的要求，冷冻循环水泵与冷却循环水泵错开位置安装，方便接管
		水泵接口与冷机接口安装高度尽量一致，即水泵基础高度要根据冷机接口高度而定

续表

序号	专业/部位	协调原则
32	配电机房	电缆沟壁预留桥架敷设孔洞，避免桥架翻弯进入电缆沟
		电缆沟敷设电缆时，高压与低压分层布置，同一走向电缆，依次成排布置
		母线进出配电柜，配电柜上方应至少预留 500mm 的空间安装母线始端箱
		母线与桥架双层布置时，母线在桥架上层，尽量贴梁安装(距梁约 100mm)；母线成排布置，如有交叉利用梁窝翻越
33	生活水泵房	不同区域的生活水箱及水泵分区域安装，尽量成排布置，方便后期维护操作
		水箱采用条形基础，方便水箱底部接管
		出机房的水平管道尽量采用同一底标高并排安装，采用综合支架
		排水管应顺水流方向倾斜进入排水沟，避免水流飞溅
34	报警阀间	湿式报警阀安装高度为 1.2m
		湿式报警阀组间的间距应保证工作人员巡查及操作，多组湿式报警阀组出水管道尽量采用一个标高，且成排布置
		湿式报警阀组排水管应接至排水沟内，避免泄水时溅水
35	风井	管道的平面位置需根据其所负责的楼层按照从上到下、由里而外的排布方式确定
		在进行管综时，需核实：a. 管井上下是否有错位现象；b. 管井中是否设置有障碍物；c. 管井是否有不通的情况
		核实管道井的尺寸：a. 管道与管道之间的间距是否满足管道安装条件；b. 管道与井道内壁之间的间距是否满足管道安装条件
36	水管井	同一功能的管道尽量布置在一起，管道间间距需考虑套管安装空间
		立管与水平管连接处的阀门尽量安装在管道井内，方便阀门检修及操作；当两管间的间距无法满足阀门并排安装时，可将阀门错开安装
		不接支管的立管布置在井道内侧，排布有支管的管道时要考虑支管连接空间
		成排立管并排安装时，管道与墙的距离最少为 150mm，以便做综合支架
		给水管立管与水表支管相连时，支管开口高度距地 500～800mm，阀门及水表安装高度距地 1000～1400mm，方便工作人员抄表及开关阀门
		管道穿楼板时要预留弯头等管件安装空间，避免因间距太小导致部分管件安装在楼板内
		管道穿墙时要预留弯头等管件安装空间，避免因间距太小导致部分管件安装在墙内
37	电井	桥架、母线穿楼板处，洞口边设置高度≥100mm 挡水反坎
		落地配电箱距墙≥50mm，便于井壁四周接地母线敷设
		操作不频繁的配电箱(如 T 接线箱、中转箱)可置于上层，频繁操作的配电箱置于下层
		配电柜体前方：应保证箱门开启 90°的空间；若空间不足，箱门宜采用双开门
		母线插接箱底部标高一致，建议距地 1.6m 安装，方便操作
		竖向梯级桥架距墙不小于 150mm，便于桥架安装及电缆绑扎
38	屋面	设备集中成排布置，同部位的管线及阀部件安装形式一致，保证感观效果
		冷却塔设备基础高度需经过仔细核算，水平供回水主管顶标高不得高于积水盘顶标高；屋面设备的基础以及管道的支架需安装在结构面上

附录 8　管线间距控制原则

管线水平间距控制								
最小间距(mm)	给水管	排水管	空调水管	强电桥架	弱电桥架	防排烟风管	空调风管	烟囱
给水管	50～100	50～100	100	100～150	100～150	150	150	150
排水管	50～100	50～100	100	100～150	100～150	150	150	150
空调水管	100	100	100	100～150	100～150	150	150	150
强电桥架	100～150	100～150	100～150	100～150	100～150	150	150	100～150
弱电桥架	100～150	100～150	100～150	100～150	100～150	150	150	100～150
防排烟风管	150	150	150	150	150	150	150	150
空调风管	150	150	150	150	150	150	150	150
烟囱	150	150	150	100～150	100～150	150	150	150
卷帘	100	100	100	100～150	100～150	150	150	150
墙体	50～100	50～100	150	100～150	100～150	200	200	200

多层管线竖向间距控制								
最小间距(mm)	给水管	排水管	空调水管	强电桥架	弱电桥架	防排烟风管	空调风管	烟囱
给水管	100	100	100～150	100	100	150	150	150
排水管	100	100	100～150	100	100	150	150	150
空调水管	100～150	100～150	100～150	100～150	100～150	150	150	150
强电桥架	100	100	100～150	100～150	100～150	150	150	150
弱电桥架	100	100	100～150	100～150	100～150	150	150	150
防排烟风管	150	150	150	150	150	150	150	150
空调风管	150	150	150	150	150	150	150	150
烟囱	150	150	150	150	150	150	150	150
卷帘	100	100	100	100	100	150	150	150
梁底	20	20	20	30	30	40	40	40
板底	100	100	100	150	150	200	200	200
常规吊顶	200	200	200	200	200	200	200	200
特殊造型吊顶	300	300	300	300	300	300	300	300

其他预留空间控制		
最小间距(mm)	宽度	高度
卷帘门上部	/	200
卷帘门	1000	双轨双帘:650
		折叠式:600
空调末端设备接管	500	550
检修空间	350	500
店招外扩空间	250～350(根据商管需求)	300(根据商管需求)

附录 9　××项目总结报告

<table>
<tr><td colspan="6">项目总结报告</td></tr>
<tr><td colspan="6">一、项目基本情况</td></tr>
<tr><td colspan="2">项目名称</td><td colspan="4"></td></tr>
<tr><td colspan="2">制作人</td><td colspan="1"></td><td>审核人</td><td colspan="2"></td></tr>
<tr><td colspan="2">项目负责人</td><td colspan="1"></td><td>制作日期</td><td colspan="2"></td></tr>
<tr><td colspan="6">项目描述(如特点、难点等):</td></tr>
<tr><td colspan="6">二、项目完成情况总结</td></tr>
<tr><td colspan="6">1. 进度偏差评价</td></tr>
<tr><td>开始时间</td><td></td><td>计划完成日期</td><td></td><td>实际完成日期</td><td></td></tr>
<tr><td colspan="6">情况描述:</td></tr>
<tr><td colspan="6">2. 交付成果评价</td></tr>
<tr><td colspan="6">计划交付成果(内容与深度)</td></tr>
<tr><td colspan="6"></td></tr>
<tr><td colspan="6">实际交付成果(内容与深度)</td></tr>
<tr><td colspan="6"></td></tr>
<tr><td colspan="6">未交付成果</td></tr>
<tr><td colspan="6"></td></tr>
<tr><td colspan="6">3、效益评价(如有反馈可填写)</td></tr>
<tr><td colspan="6"></td></tr>
<tr><td colspan="6">三、项目经验、教训总结</td></tr>
<tr><td colspan="6">经验教训:</td></tr>
<tr><td colspan="4">项目实施团队成员签字</td><td colspan="2">日期</td></tr>
<tr><td colspan="4"></td><td colspan="2"></td></tr>
</table>

附录10　××项目满意度调查

满意度调查表

尊敬的________________________________：

感谢您抽出宝贵的时间，来帮助我们完成这张满意度调查表，您的回答将有助于改进我们的工作，提高为您服务的满意度。填写完成后烦请发送至__________________________________，我们将根据您的建议进一步改进，感谢您参与我们的调查。

单位名称					
工程名称					
序号	调查内容		满意程度		
1	服务态度及主动性				
2	市场咨询服务能力				
3	项目经理的工作能力和协调能力				
4	技术人员的技术能力和沟通能力				
5	与相关方相互协调配合能力				
6	处理问题的质量和及时性				
7	成果交付的及时性				
8	交付成果的质量				
9	项目BIM应用效益				
改进要求和建议：					
填表人		填表时间		联系电话	

填表说明：

1. 请相关方对我公司及所熟悉的建筑企业满意度进行评分，90～100分为满意，70～90分为比较满意，50～70分为一般满意（但可以接受），30～50分为不太满意，0～30分为很不满意。

2. 相关方可选择其中的评估项进行评价，当相关方另有其他评估项时，可在表中空白项处填写并进行评分。

3. 请相关方填写完毕后于一周内转复我公司，我们对您的大力支持再次表示感谢。